# 山东省水利工程规范化建设工作指南

## （设计分册）

李贵清　代英富　主　编

山东大学出版社

SHANDONG UNIVERSITY PRESS

·济南·

## 内容简介

本书在系统总结当前国家、水利部、山东省水利厅有关水利工程规范化建设工作方面规定和要求的基础上,结合实际情况与工作实践,系统阐述了设计单位在水利工程建设管理过程中的主要工作任务。内容包括总则、设计资格、前期咨询文件编制、设计文件编制和设计服务、强制性标准执行、安全管理等内容。本书既可供水利建设、管理及设计者使用,也可供高等院校水利工程类专业师生及相关人员学习参考。

**图书在版编目(CIP)数据**

山东省水利工程规范化建设工作指南. 设计分册/
李贵清,代英富主编. —济南:山东大学出版社,
2022.9
ISBN 978-7-5607-7639-2

Ⅰ. ①山… Ⅱ. ①李… ②代… Ⅲ. ①水利工程－工
程项目管理－规范化－山东－指南 Ⅳ. ①TV512-62

中国版本图书馆 CIP 数据核字(2022)第 188367 号

责任编辑　祝清亮
封面设计　王秋忆

山东省水利工程规范化建设工作指南. 设计分册
SHANDONG SHENG SHUILI GONGCHENG GUIFANHUA
JIANSHE GONGZUO ZHINAN.SHEJI FENCE

| | |
|---|---|
| 出版发行 | 山东大学出版社 |
| 社　　址 | 山东省济南市山大南路 20 号 |
| 邮政编码 | 250100 |
| 发行热线 | (0531)88363008 |
| 经　　销 | 新华书店 |
| 印　　刷 | 山东和平商务有限公司 |
| 规　　格 | 787 毫米×1092 毫米　1/16 |
| | 20.5 印张　346 千字 |
| 版　　次 | 2022 年 9 月第 1 版 |
| 印　　次 | 2022 年 9 月第 1 次印刷 |
| 定　　价 | 72.00 元 |

# 《山东省水利工程规范化建设工作指南》
## 编委会

主　任　王祖利

副主任　张修忠　李森焱　张长江

编　委（按姓氏笔画排序）

王冬梅　代英富　乔吉仁　刘彭江

刘德领　杜珊珊　李　飞　李贵清

张振海　张海涛　邵明洲　姚学健

唐庆亮　曹先玉


# 《山东省水利工程规范化建设工作指南》
### （设计分册）
## 编委会

主　编　李贵清　代英富

副主编　曹先玉　吴敬峰

编　者　季　安　刘希成　吴秀英　李林娜

陆海玉　姜言亮　单既连　陈梦华

田质胜　李雅萍　严　蕾　张　琳

王洁宇　孙凤强

# 序

　　水是生存之本、文明之源，水利事业关乎国民经济和社会健康发展，关乎人民福祉，关乎民族永续发展。"治国必先治水"，中华民族的发展史也是一部治水兴水的发展史。

　　近年来，山东省加大现代水网建设，加强水利工程防汛抗旱体系建设，大力开发利用水资源，水利工程建设投资、规模、建设项目数量逐年提升。"百年大计，质量为本"，山东省坚持质量强省战略，始终坚持把质量与安全作为水利工程建设的生命线，加强质量与安全制度体系建设，严把工程建设质量与安全关，全省水利工程建设质量与安全建设水平逐年提升。

　　保证水利工程建设质量与安全既是水利工程建设的必然要求，也是各参建单位的法定职责。为指导山东省水利工程建设各参建单位的工作，提升水利工程规范化建设水平，山东省水利工程建设质量与安全中心牵头，组织多家单位共同编撰完成了《山东省水利工程规范化建设工作指南》。

　　该书共有6个分册，其中水发规划设计有限公司编撰完成了项目法人（代建）分册，山东省水利勘测设计院有限公司编撰完成了设计分册，山东大禹水务建设集团有限公司编撰完成了施工分册，山东省水利工程建设监理有限公司编撰完成了监理分册，山东省水利工程试验中心有限公司编撰完成了检测分册，山东省水利工程建设质量与安全中心编撰完成了质量与安全监督分册。

　　本书在策划和编写过程中得到了水利部有关部门及兄弟省市的专家和同

行的大力支持，提出了很多宝贵意见，在此，谨向有关领导和各水利专家同仁致以诚挚的感谢和崇高的敬意！

因编写任务繁重，成书时间仓促，加之编者水平有限，书中错误之处在所难免，诚请读者批评指正，以便今后进一步修改完善。

编　者

2022 年 7 月

# 目　录

# 第1章 总则

## 1.1 编制目的

为全面贯彻新发展理念,以标准化推动新阶段水利高质量发展,提高山东省水利工程勘察设计单位、咨询单位在工程建设过程中具体工作的管理水平,根据质量与安全监督相关法律、法规、规章、规范性文件及技术标准,结合当前山东省水利工程建设勘测设计工作现状,编写本工作指南。

## 1.2 适用范围

本指南适用于山东省水利工程建设中勘察设计单位、咨询单位在工程咨询、工程设计和设代服务等阶段的规范化管理工作。

## 1.3 编制依据

### 1.3.1 法律

《中华人民共和国建筑法》(2019年修订)。
《中华人民共和国安全生产法》(2021年修订)。
《中华人民共和国水法》(2016年修订)。

### 1.3.2 法规和规章

《建设工程质量管理条例》(2019年修订)。

《建设工程勘察设计管理条例》（2017 年修订）。

《水利工程质量管理规定》（2017 年修订）。

### 1.3.3 规范性文件

《水利工程设计变更管理暂行办法》（水规计〔2020〕283 号）。

《水利工程建设标准强制性条文管理办法（试行）》（水国科〔2012〕546 号）。

《水利工程建设质量与安全生产监督检查办法（试行）》（办监督〔2020〕124 号）。

《水利工程勘测设计失误问责办法（试行）》（水总〔2020〕33 号）。

《建筑工程设计单位项目负责人质量安全责任七项规定（试行）》（建市〔2015〕35 号）。

《建筑工程勘察单位项目负责人质量安全责任七项规定（试行）》（建市〔2015〕35 号）。

《水利工程建设标准强制性条文（2020 年版）》。

《水利建设项目稽察常见问题清单》（2021 年版）。

### 1.3.4 技术标准

《水利水电工程合理使用年限及耐久性设计规范》（SL 654—2014）。

《水利水电工程施工安全管理导则》（SL 721—2015）。

《水利水电工程项目建议书编制规程》（SL/T 617—2021）。

《水利水电工程可行性研究报告编制规程》（SL/T 618—2021）。

《水利水电工程初步设计报告编制规程》（SL/T 619—2021）。

《水利水电工程水文计算规范》（SL/T 278—2020）。

《水利水电工程设计洪水计算规范》（SL 44—2006）。

《水利水电工程地质勘察规范》（GB 50487—2008）。

《中小型水利水电工程地质勘察规范》（SL 55—2005）。

《水利水电工程测量规范》（SL 197—2013）。

《水利水电工程施工测量规范》（SL 52—2015）。

其他水利水电工程勘测设计适用的标准规范，具体可参见本指南附录 A。

本书内容通过但不限于文中的规范性引用而构成本指南必不可少的条款。如果规范具体要求发生变化，本指南的相关要求也应随之变化。

# 第2章　设计资格

## 2.1　勘察设计资质

### 2.1.1　相关法规标准

《建设工程勘察设计管理条例》（2017年修订）第八条。

### 2.1.2　法规标准内容

第八条　建设工程勘察、设计单位应当在其资质等级许可的范围内承揽建设工程勘察、设计业务。

禁止建设工程勘察、设计单位超越其资质等级许可的范围或者以其他建设工程勘察、设计单位的名义承揽建设工程勘察、设计业务。禁止建设工程勘察、设计单位允许其他单位或者个人以本单位的名义承揽建设工程勘察、设计业务。

### 2.1.3　工作指南

（1）勘察、设计单位应当在其资质等级许可的范围内承揽建设工程勘察、设计业务，禁止超越资质许可承揽勘察、设计业务。

（2）水利工程建设项目勘察资质要求以项目建设单位规定的资质要求为准。通常情况下，可参照下列标准执行：

①工程勘察综合甲级资质。承担各类建设工程项目的岩土工程、水文地质勘察、工程测量业务（海洋工程勘察除外），其规模不受限制。

②工程勘察专业资质。甲级：承担本专业资质范围内各类建设工程项目

的工程勘察业务,其规模不受限制。乙级:承担本专业资质范围内各类建设工程项目乙级及以下规模的工程勘察业务。

（3）水利工程建设项目设计资质要求以项目建设单位规定的资质要求为准。通常情况下,可参照下列标准执行:

①工程设计综合甲级资质。承担各行业、各等级的建设工程设计业务。

②水利工程设计行业资质。甲级:承担本行业建设工程项目主体工程及其配套工程的设计业务,其规模不受限制。乙级:承担本行业中、小型建设工程项目的主体工程及其配套工程的设计业务。

③水利工程设计专业资质。甲级:承担本专业建设工程项目主体工程及其配套工程的设计业务,其规模不受限制。乙级:承担本专业中、小型建设工程项目的主体工程及其配套工程的设计业务。

## 2.2　勘测设计人员资格

### 2.2.1　相关法规标准

《建设工程勘察设计管理条例》（2017 年修订）第九条、第十条。

### 2.2.2　法规标准内容

第九条　国家对从事建设工程勘察、设计活动的专业技术人员,实行执业资格注册管理制度。未经注册的建设工程勘察、设计人员,不得以注册执业人员的名义从事建设工程勘察、设计活动。

第十条　建设工程勘察、设计注册执业人员和其他专业技术人员只能受聘于一个建设工程勘察、设计单位;未受聘于建设工程勘察、设计单位的,不得从事建设工程的勘察、设计活动。

### 2.2.3　工作指南

（1）水利工程勘察、设计活动尚未实行执业资格注册管理制度,《建设工程勘察设计管理条例》（2017 年修订）第九条暂不适用水利行业。

（2）勘察、设计单位应考虑勘测设计人员的学历、所学专业、工作经历、技术职称、执业资格等因素,综合确定勘测设计人员的岗位资格,并发文公布。

勘测设计人员资格自查,可参考本指南附录 D 中的附表 D.2。

（3）工程设计项目负责人（设总）是指经设计单位授权,代表设计单位负责工程项目全过程设计质量管理,对工程设计质量承担总体责任的人员。设计项目负责人（设总）应当严格遵守以下规定并承担相应责任：

①设计项目负责人（设总）应当确认承担项目的设计人员具备相应的专业技术能力。不得允许他人以本人的名义承担工程设计项目。

②设计项目负责人（设总）应当依据有关法律法规、项目批准文件、综合规划、专项规划、工程建设强制性标准、设计深度要求、设计合同（包括设计任务书）和工程勘察成果文件,就相关要求向设计人员交底,组织开展工程设计工作,协调各专业之间及与外部各单位之间的技术接口工作。

③设计项目负责人（设总）应当在施工前就审查合格的施工图设计文件,组织设计人员向施工及监理单位做出详细说明;组织设计人员解决施工中出现的设计问题。不得在违反强制性标准或不满足设计要求的变更文件上签字。应当根据设计合同中约定的责任、权利、费用和时限,组织开展后期服务工作。

④施工过程中,对涉及工程技术方面的文函进行审查,并签署意见,如设计变更申请等。

⑤设计项目负责人（设总）应当组织设计人员参加工程验收,并签署意见;组织设计人员参与相关工程质量安全事故分析,并对因设计原因造成的质量安全事故,提出与设计工作相关的技术处理措施;组织相关人员及时将设计资料归档保存。

⑥设计项目负责人（设总）对以上行为承担责任,并不免除设计单位和其他人员的法定责任。

⑦设计单位应当加强对设计项目负责人（设总）履职情况的检查,发现设计项目负责人（设总）履职不到位的,及时予以纠正,或按照规定程序更换符合条件的设计项目负责人（设总）,由更换后的设计项目负责人（设总）承担项目的全面设计质量责任。

（4）工程勘察单位项目负责人是指经勘察单位授权,代表勘察单位负责工程项目全过程勘察质量管理,并对工程勘察质量安全承担总体责任的人员。勘察项目负责人应当由具备勘察质量安全管理能力的专业技术人员担任。勘察项目负责人应当严格遵守以下规定并承担相应责任：

①勘察项目负责人应当具备相应的专业技术能力,观测员、记录员、机长、操作工人等现场作业人员符合专业培训要求。不得允许他人以本人的名义承担工程勘察项目。

②勘察项目负责人应当依据有关法律法规、工程建设强制性标准和勘察合同(包括勘察任务委托书),组织编写勘察大纲,就相关要求向勘察人员交底,组织开展工程勘察工作。

③勘察项目负责人应当负责勘察现场作业安全,要求勘察作业人员严格执行操作规程,并根据建设单位提供的资料和场地情况,采取措施保证各类人员,场地内和周边建筑物、构筑物及各类管线设施的安全。

④勘察项目负责人应当对原始取样、记录的真实性和准确性负责,组织人员及时整理、核对原始记录,核验有关现场和试验人员在记录上的签字,对原始记录、测试报告等各项作业资料验收签字。

⑤勘察项目负责人应当对勘察成果的真实性和准确性负责,保证勘察文件符合国家规定的深度要求,在勘察文件上签字盖章。

⑥勘察项目负责人应当对勘察后期服务工作负责,组织相关勘察人员及时解决工程设计和施工中与勘察工作有关的问题;组织参与开挖基槽及掌子面验收;组织勘察人员参加工程验收,并签署意见;组织勘察人员参与相关工程质量安全事故分析,并对因勘察原因造成的质量安全事故,提出与勘察工作有关的技术处理措施。

⑦勘察项目负责人应当对勘察资料的归档工作负责,组织相关勘察人员将全部资料分类编目,装订成册,归档保存。

⑧勘察项目负责人对以上行为承担责任,并不免除勘察单位和其他人员的法定责任。

⑨勘察单位应当加强对勘察项目负责人履职情况的检查,发现勘察项目负责人履职不到位的,及时予以纠正,或按照规定程序更换符合条件的勘察项目负责人,由更换后的勘察项目负责人承担项目的全面勘察质量责任。

(5)其他岗位人员主要职责。

①项目分管总工:

a.组织编写勘测设计计划、勘察设计大纲(测绘技术设计书)、勘测技术要求等。

b.主持设计开工会、设计评审会、重大设计更改等。

c.负责核查所采用的技术标准、规范的合理性,特别是工程建设标准强制性条文的贯彻落实情况;负责确定重大工程或复杂特殊工程的勘测设计原则,对影响产品质量的重要因素和所选用计算分析软件的合理性进行确认。

d.负责确定主要技术参数、主要工艺流程、重要结构型式、主要设备和材料选用、新技术的采用、主要规划设计方案等。

e.负责各专业技术接口的一致性和协调性,处理勘测设计过程中审查人、校核人、设计人的技术分歧,并作出决定。

f.负责勘察、测绘工作量控制,工作部署安排以及技术方案的核定。

g.主持测量成果最终检验、工程勘察过程验收。

②专业审查人:

a.审查勘测设计条件和产品成果,参与项目策划、勘测设计方案和主要技术标准的讨论研究,对所审查的内容负责。

b.审查勘测设计原则、勘测设计方案是否符合任务书、勘察设计大纲(测绘技术设计书)或审批文件的要求。

c.审查工艺流程、结构型式、构造方法及主要设备产品和材料是否合理可靠。

d.审查基础数据、重要计算条件(假定)、计算公式、计算方法和参数的选取、电算程序的选用是否正确,检查各项计算结果的合理性。

e.审查勘测设计内容是否齐全、有无漏项,采用的技术标准、规范是否恰当,使用是否正确,工程建设标准强制性条文是否贯彻落实,概预算编制原则、方法是否正确合理,选用的标准图是否合适,设计文件深度是否符合规范要求。

f.审查勘察、测量过程控制和成果资料等,对数据的合理性、适用性负责。

③专业负责人:

a.组织和指导本专业人员开展勘测设计工作,对本专业是否严格执行相关法律法规、标准规范要求负责。

b.负责编写本专业勘察设计大纲(测绘技术设计书)、本专业报告以及图纸编写、汇总工作。

c.负责按时向相关专业提供经过校审的技术资料。

d.参加项目审查会,并落实本专业审查意见。

e.按照项目勘察设计大纲(测绘技术设计书)要求开展工作,对本专业技术、质量、进度负全面责任。

④校核人：

a.熟悉设计基础资料和设计原则（编制原则），对勘测设计产品进行全面校核，对所校核的产品内容质量负责。

b.校核设计采用的各种基础资料、计算原则和设计依据是否正确合理，引用的设计技术标准是否正确。

c.校核计算书中的计算原则、技术标准、计算公式、计算软件、计算模型、输入数据是否正确，并分析计算结果的合理性。

d.校核设备及产品选用是否合理，是否符合现行有关技术标准要求。

e.校核概预算中定额套用和费率取定是否准确无误。

f.全面校核设计图纸是否完整表达设计意图，图面是否清晰、整齐、匀称，有无"错、漏、碰、缺"，文字说明是否齐全。

g.校核设计图表、概预算及其他设计产品内容、深度是否符合规范要求，报告、图纸与计算书之间是否协调一致。

h.校核选用的标准（通用）设计是否适宜。

i.校核勘察、测量过程控制和成果资料的合理性、适用性。

⑤勘测设计人：

a.按照现行的国家和行业标准规范以及项目勘察设计大纲（测绘技术设计书）、勘测技术要求开展勘察、测量、计算、绘图、报告编写等工作。明确采用的规范、规程，保证成果资料的合理性。

b.负责基础资料搜集，确保输入数据和输出结果以及计算书、工程数量和材料数量的正确性和完整性，确保图纸内容与计算书结果的一致性、图纸内容和文字表述的准确性。

c.做好专业之间的协调配合，按时提交资料及成果。

d.因"错、漏、碰、缺"进行局部变更后，其他有关成果应进行相应修改。

e.成果完成后，进行自校。

（6）根据《建设工程勘察设计管理条例》（2017年修订）第十九条的规定，经发包方书面同意，勘察、设计单位可以将承揽的建设工程非主体部分的勘察、设计分包给其他具有相应资质等级的承包商，但须在合同中明确要求承包商配备的勘测设计人员应符合相应岗位任职资格要求。

## 2.3 质量保证体系

### 2.3.1 相关法规标准

《水利工程质量管理规定》(2017 年修订)第二十五条。

### 2.3.2 法规标准内容

第二十五条 设计单位必须建立健全设计质量保证体系,加强设计过程质量控制,健全设计文件的审核、会签批准制度,做好设计文件的技术交底工作。

### 2.3.3 工作指南

(1)勘察、设计单位须建立健全设计质量保证体系,并在项目勘察、设计过程中严格执行体系文件规定。

(2)勘察、设计单位应建立质量奖惩制度并严格执行。

(3)勘察、设计单位应建立健全质量岗位责任制。

(4)勘察、设计单位应制定技术标准、计算机软件有效性管理规定,确保勘察、设计过程中使用的法律法规、标准规范和计算机软件是现行、有效的。

(5)勘察、设计单位应建立勘察、设计过程校审控制程序,校审记录应齐全,且具有可追溯性。

(6)根据《建设工程勘察设计管理条例》(2017 年修订)第十九条的规定,经发包方书面同意,勘察、设计单位可以将承揽的建设工程非主体部分的勘察、设计分包给其他具有相应资质等级的承包商,但须设置外委成果的质量把关环节。

(7)勘察、设计项目完成后,项目负责人(设总)应组织人员将全部资料分类编目,装订成册,归档保存。

# 第3章　前期咨询文件编制

## 3.1　项目建议书

### 3.1.1　相关法规标准

《国务院关于投资体制改革的决定》(国发〔2004〕20号)第三条第(二)款,《政府核准的投资项目目录(2016年本)》(国发〔2016〕72号)第一条,《水利水电工程项目建议书编制规程》(SL/T 617—2021)。

### 3.1.2　法规标准内容

《国务院关于投资体制改革的决定》(国发〔2004〕20号)中提到"完善政府投资体制,规范政府投资行为",强调"健全政府投资项目决策机制。进一步完善和坚持科学的决策规则和程序,提高政府投资项目决策的科学化、民主化水平;政府投资项目一般都要经过符合资质要求的咨询中介机构的评估论证,咨询评估要引入竞争机制,并制定合理的竞争规则;特别重大的项目还应实行专家评议制度;逐步实行政府投资项目公示制度,广泛听取各方面的意见和建议"。

《政府核准的投资项目目录(2016年本)》中就水利工程提出要求:涉及跨界河流、跨省(区、市)水资源配置调整的重大水利项目由国务院投资主管部门核准,其中库容10亿立方米及以上或者涉及移民1万人及以上的水库项目由国务院核准。其余项目由地方政府核准。

相关法规标准中涉及国家标准、行业标准等标准的,受篇幅限制,本书中仅列出标准中相关的条目号,不再列出具体内容,不列出具体条目号的则表示整本标准均可作为参考。

### 3.1.3　工作指南

#### 3.1.3.1　深度要求

项目建议书应根据国民经济和社会发展长远规划、流域综合规划、区域综合规划、专业规划,按照国家产业政策和国家有关投资建设方针进行编制,是进行初步投资决策、选择建设项目和编制可行性研究报告的依据。

(1)项目建议书的主要内容和编写深度应符合下列要求:

①论证项目建设的必要性,基本确定工程任务及综合利用工程各项任务的主次顺序。

②基本确定工程场址的主要水文参数和成果。

③初步评价区域构造稳定性,分析成库条件,基本查明影响工程场址(坝址、闸址、厂址、站址等)和输水线路比选的主要工程地质条件,初步查明主要建筑物的工程地质条件,初步评价存在的主要工程地质问题。对天然建筑材料进行初查。

④基本选定工程规模和工程总体布局,分析项目建设对河流上下游及周边地区其他水工程的影响。

⑤开展水资源开发利用建设类工程相关范围的节水分析,初步确定节水目标、节水指标和节水措施。

⑥基本选定工程等级及设计标准、工程场址和输水线路等,基本选定基本坝型,初步选定工程总体布置方案及其他主要建筑物型式。

⑦初步选定水力机械、电气和金属结构的主要设备型式与布置。

⑧基本选定对外交通运输方案、施工导流方式,初步选定料场、导流建筑物布置、主体工程主要施工方法和施工总布置,初步确定施工总工期。

⑨初步确定建设征地范围,初步查明主要实物,提出移民安置初步规划。

⑩分析工程建设对主要环境保护目标的影响,提出环境影响分析结论,拟定环境保护措施。

⑪分析工程建设对水土流失影响,初步确定水土流失防治责任范围、水土保持措施体系及总体布局。

⑫初步确定管理单位的类别,拟定工程管理方案,初步确定管理范围和主要管理设施。

⑬拟定工程信息化建设任务及系统功能。

⑭编制投资估算。

⑮分析工程效益、费用和贷款能力，初步提出资金筹措方案，初步评价项目的经济合理性和财务可行性。

⑯初步提出各章节主要结论，提出可能存在的问题和风险，以及初步应对措施，提出需要有关方面协调和支持的建议。

（2）项目建议书上报应具备的必要文件如下：

①水利基本建设项目的外部建设条件涉及其他省、部门等利益时，必须附具有关省和部门意见的书面文件。

②水行政主管部门或流域机构签署的规划同意书。

③项目建设与运行管理初步方案。

④项目建设资金的筹集方案及投资来源意向。

### 3.1.3.2 项目建议书的章节编排

项目建议书的章节可参照本指南附录 F 依次编排，具体要求详见《水利水电工程项目建议书编制规程》（SL/T 617—2021）。

### 3.1.3.3 项目建议书附件

水利水电工程项目建议书可包括以下附件：

（1）有关规划的审查审批意见及与工程有关的其他重要文件。

（2）相关专题论证、审查会议纪要和意见。

（3）水文分析报告。

（4）工程地质勘察报告。

（5）项目建设必要性和规模论证专题报告。

（6）建设征地与移民安置初步规划报告。

（7）贷款能力测算专题报告。

（8）其他重要专题报告。

### 3.1.3.4 项目建议书的编制格式

（1）报告封面应满足以下要求：

①封面应包括报告名称、设计单位全称和报告完成的年月等内容。

②报告定名应包含工程所在行政区域、所在流域河流名称、工程名称以及工程性质等内容。

③由多家设计单位参加完成的项目，应以第一家设计单位为责任单位。

④报告版本较多时,还应注明版本性质,如送审、修订等内容。

⑤项目建议书封面格式可参考本指南附录 B。

（2）扉页应包括以下内容：

①设计单位的资质证明、质量管理体系认证证书。

②设计单位签审署名页。署名包括批准人、审核人、设计总工程师、专业负责人、主要编写人员。其中批准人、审核人、设计总工程师应有签名。

③工程位置图、工程效果图或鸟瞰图。

（3）项目建议书各章开始的扉页中应列出审查人、校核人、编写人员名单。名单包括签名以及注册执业资格证书编号。

（4）建议书章节安排应将"综合说明"列为第一章,以下各章内的节名可参照本指南附录 F 各节名称,并根据实际情况取舍。

（5）报告所需附件应按专业排序,单独成册。

（6）报告附图幅面及图题栏格式可参考本指南附录 C。

## 3.2 可行性研究报告

### 3.2.1 相关法规标准

《国务院关于投资体制改革的决定》（国发〔2004〕20 号）第三条第（二）款,《政府核准的投资项目目录（2016 年本）》（国发〔2016〕72 号）第一条,《水利水电工程可行性研究报告编制规程》（SL/T 618—2021）。

### 3.2.2 法规标准内容

《国务院关于投资体制改革的决定》（国发〔2004〕20 号）中提到"完善政府投资体制,规范政府投资行为",强调"健全政府投资项目决策机制。进一步完善和坚持科学的决策规则和程序,提高政府投资项目决策的科学化、民主化水平;政府投资项目一般都要经过符合资质要求的咨询中介机构的评估论证,咨询评估要引入竞争机制,并制定合理的竞争规则;特别重大的项目还应实行专家评议制度;逐步实行政府投资项目公示制度,广泛听取各方面的意见和建议"。

《政府核准的投资项目目录（2016 年本）》中就水利工程提出要求:涉及跨

界河流、跨省（区、市）水资源配置调整的重大水利项目由国务院投资主管部门核准，其中库容 10 亿立方米及以上或者涉及移民 1 万人及以上的水库项目由国务院核准。其余项目由地方政府核准。

### 3.2.3　工作指南

#### 3.2.3.1　深度要求

可行性研究应对项目进行方案比较，对技术上是否可行和经济上是否合理进行科学的分析和论证。可行性研究报告是进行投资决策、确定建设项目、编制初步设计的依据。

（1）可行性研究报告的主要内容和编写深度应符合下列要求：

①论证工程建设的必要性，确定工程的任务及综合利用工程各项任务的主次顺序。

②确定工程场址的主要水文参数和成果。

③评价区域构造稳定性，基本查明水库区工程地质条件，查明影响工程场址（坝址、闸址、厂址、站址等）和输水线路比选的主要工程地质条件，基本查明推荐场址和输水线路主要建筑物的工程地质条件，评价存在的主要工程地质问题。对工程所需主要天然建筑材料进行详查。

④确定主要工程规模和工程总体布局。基本确定运行原则和运行方式。评价项目建设对河流上下游及周边地区其他水工程的影响。

⑤开展水资源利用建设类工程相关范围的节水评价，确定节水目标、节水指标和节水措施。

⑥选定工程场址和输水线路等。

⑦确定工程等级及设计标准，选定基本坝型，基本选定工程总体布置及其他主要建筑物的型式。

⑧基本选定水力机械、电气、金属结构、采暖通风及空气调节等系统设计方案及设备型式和布置。初步确定消防设计方案和主要设施。

⑨选定对外交通运输方案、施工导流方式，基本选定料场、导流建筑物的布置、主体工程主要施工方法和施工总布置，提出控制性工期和分期实施意见，基本确定施工总工期。

⑩确定建设征地范围，查明各类实物，基本确定农村移民生产安置和搬迁安置规划，明确城（集）镇迁建方式和迁建新址，对重要企（事）业单位开展资产

补偿评估工作,对重要专项设施开展典型设计,明确防护工程等级和防护方案。

⑪对主要环境要素进行环境影响预测评价,确定环境保护措施。

⑫对主体工程设计进行水土保持评价,基本确定水土流失防治责任范围、水土保持措施、水土保持监测方案。

⑬基本确定劳动安全与工业卫生的主要措施。

⑭初步确定工程的能源消耗种类和数量、能耗指标、设计原则,基本确定节能措施。

⑮确定管理单位类别及性质、机构设置方案、管理范围和主要管理设施等。

⑯基本确定工程信息化建设任务和系统功能。

⑰编制投资估算。

⑱分析工程效益、费用和贷款能力,提出资金筹措方案,分析主要经济评价指标,评价工程的经济合理性和财务可行性。

⑲分析社会稳定风险因素,提出相应的防范和化解措施,以及采取措施后的社会稳定风险等级建议。

⑳提出工程建设可行性研究的主要结论,综述存在的主要问题和风险并提出解决措施或风险规避措施,简述下阶段有关工作建议。

(2)可行性研究报告上报应具备的文件如下:

①项目建议书的批准文件(按照政府要求,未编制项目建议书的项目除外)。

②项目建设资金筹措各方的资金承诺文件。

③项目建设及建成投入使用后的管理体制及管理机构落实方案,管理维护经费开支的落实方案。

④其他外部协作协议。

### 3.2.3.2　可行性研究报告的章节编排

可行性研究报告的章节可参照本指南附录G所列依次编排,具体要求详见《水利水电工程可行性研究报告编制规程》(SL/T 618—2021)。

### 3.2.3.3　可行性研究报告附件

水利水电工程可行性研究报告可包括以下附件:

(1)项目建议书批复文件及与工程有关的其他重要文件。

（2）相关专题论证、审查会议纪要和意见。

（3）水文分析报告。

（4）工程地质勘察报告。

（5）建设征地与移民安置规划报告。

（6）环境影响评价专题报告。

（7）水土保持方案报告书。

（8）贷款能力测算专题报告。

（9）其他重大关键技术专题报告。

### 3.2.3.4　可行性研究报告的编制格式

（1）报告封面应满足以下要求：

①封面应包括报告名称、设计单位全称和报告完成的年月等内容。

②报告定名应包含工程所在行政区域、所在流域河流名称、工程名称、工程性质等内容。

③由多家设计单位参加完成的项目，应以第一家设计单位为责任单位。

④报告版本较多时，还应注明版本性质，如送审、修订等内容。

（2）扉页应包括以下内容：

①设计单位的资质证明、质量管理体系认证证书。

②设计单位签审署名页。署名包括批准人、审核人、设计总工程师、专业负责人、主要编写人员。其中批准人、审核人、设计总工程师应有签名。

③工程位置图、工程效果图或鸟瞰图。

（3）报告各章开始的扉页中应列出审查人、校核人、编写人员名单。名单应包括职称、注册执业资格证书编号、签名。

（4）可行性研究报告章节安排应将"综合说明"列为第一章，以下各章内的节名，可参照本指南附录G各节名称，并根据实际情况取舍。

（5）所附批文和相关文件较多时，应将所附文件与本报告的综合说明一起，单独汇编成册。

（6）报告所需附件应按专业编排顺序，单独成册。

# 第4章　设计文件编制和设计服务

## 4.1　基本资料收集

### 4.1.1　水文资料

#### 4.1.1.1　相关法规标准

《水利工程质量管理规定》(2017 年修订)第二十六条,《水利水电工程水文计算规范》(SL/T 278—2020)第 2 章、第 5 章,《水利水电工程设计洪水计算规范》(SL 44—2006)第 1~第 4 章。

#### 4.1.1.2　法规标准内容

《水利工程质量管理规定》(2017 年修订)第二十六条:

第二十六条　设计文件必须符合下列基本要求:

(一)设计文件应当符合国家、水利行业有关工程建设法规、工程勘测设计技术规程、标准和合同的要求。

(二)设计依据的基本资料应完整、准确、可靠,设计论证充分,计算成果可靠。

(三)设计文件的深度应满足相应设计阶段有关规定要求,设计质量必须满足工程质量、安全需要并符合设计规范的要求。

《水利水电工程水文计算规范》(SL/T 278—2020)第 2.2.1 条、第 5.3.1 条、第 5.3.7 条。

《水利水电工程设计洪水计算规范》(SL 44—2006)第 1.0.9 条、第 2.1.2 条、第 2.2.1 条、第 2.3.5 条、第 2.4.1 条、第 3.4.5 条、第 4.3.1 条、第 4.3.7 条。

#### 4.1.1.3　工作指南

（1）流域特征和水文测验、整编、调查资料是水文计算的依据,对有明显错误或存在系统偏差的资料,要会同有关单位共同分析研究,必要时需到现场调查,以取得改正依据。

（2）设计洪水成果是水利水电工程设计的重要依据,若成果偏小,将造成工程失事;若成果偏大,将造成经济上的浪费。在同一条河流的上、下游或同一地区的洪水具有一定的水文共性,因而应对采用的各种计算参数和计算成果进行地区上的综合分析,多方面检查、论证其合理性。

（3）设计洪水分析计算要求具有较长系列的水文资料作基础。用短期资料计算设计洪水,成果可靠度较差,当充分考虑历史洪水资料后,计算成果可以得到显著改善。在使用调查洪水资料汇编成果时,应当注意不同河段或同一河段不同年份,洪峰流量的精度往往不同,因此在使用之前应对河段资料整编情况进行全面了解,对重大的历史洪水调查成果应做进一步检查、核实。除掌握调查洪水资料外,还应通过历史文献、文物资料的考证,进一步了解更长历史时期内大洪水发生的情况和次数,以便合理确定历史洪水的重现期。由于我国雨量站网密度总体较稀,且分布不均匀,暴雨中心的雨量往往不易观测到,因此用暴雨计算设计洪水时,暴雨调查更有必要。对近期发生的大洪水,在没有水文测站的河段或由于水文测验设施等限制没有观测到时,还应及时进行洪水调查。对滨海地区近期发生的特大潮也应及时进行调查。

（4）由暴雨计算设计洪水或由可能最大暴雨推算可能最大洪水受到多种因素及多环节的影响,如雨量与洪水资料的代表性、暴雨与洪水频率的假定、设计雨型的选定、设计暴雨发生前的流域下垫面干湿程度的确定等。这样计算出来的设计洪水成果难免有误差,因此应强调将当地和邻近地区的实测和调查的特大洪水以及地区内设计洪水,与本流域设计洪水成果进行对比分析,以检验其合理性。

### 4.1.2　地质资料

#### 4.1.2.1　相关法规标准

《水利工程质量管理规定》(2017 年修订)第二十六条,《水利水电工程地质勘察规范》(GB 50487—2008)第 5 章、第 6 章、第 9 章,《中小型水利水电工程地质勘察规范》(SL 55—2005)第 5 章、第 6 章,《堤防工程地质勘察规程》(SL

188—2005)第 4 章、第 5 章、第 8 章。

#### 4.1.2.2　法规标准内容

《水利工程质量管理规定》(2017 年修订)第二十六条:

第二十六条　设计文件必须符合下列基本要求:

(一)设计文件应当符合国家、水利行业有关工程建设法规、工程勘测设计技术规程、标准和合同的要求。

(二)设计依据的基本资料应完整、准确、可靠,设计论证充分,计算成果可靠。

(三)设计文件的深度应满足相应设计阶段有关规定要求,设计质量必须满足工程质量、安全需要并符合设计规范的要求。

《水利水电工程地质勘察规范》(GB 50487—2008)第 5.2.7 条、第 6.3.1 条、第 6.4.1 条、第 6.5.1 条、第 6.6.1 条、第 6.7.1 条、第 6.8.1 条、第 6.9.1 条、第 6.10.1 条、第 6.11.1 条、第 6.12.1 条、第 6.13.1 条、第 6.14.1 条、第 6.15.1 条、第 9.4.1 条、第 9.4.3 条、第 9.4.5 条、第 9.4.8 条。

《中小型水利水电工程地质勘察规范》(SL 55—2005)第 5.2.9 条、第 6.3.5 条。

《堤防工程地质勘察规程》(SL 188—2005)第 4.3.1 条、第 4.3.2 条、第 4.3.3 条、第 4.3.4 条、第 5.3.13 条、第 8.0.2 条。

#### 4.1.2.3　工作指南

(1)大型水利水电工程地质勘察工作应符合《水利水电工程地质勘察规范》(GB 50487—2008)的相关规定。

①勘察单位在开展野外工作之前应收集和分析已有的地质资料,进行现场踏勘,了解自然条件和工作条件,结合工程设计方案和任务要求,编制工程地质勘察大纲。勘察大纲在执行过程中应根据客观情况变化适时调整。

②水利水电工程地质勘察应按勘察程序分阶段进行,并应保证勘察周期和勘察工作量。勘察工作过程中,应保持与相关专业的沟通和协调。

③勘察工作应根据工程的类型和规模、地形地质条件的复杂程度、各勘察阶段工作的深度要求,综合运用各种勘察手段,合理布置勘察工作,注意运用新技术、新方法。

④工程地质勘察应先进行工程地质测绘,在工程地质测绘成果的基础上布置其他勘察工作。

⑤应根据地形地质条件、岩土体的地球物理特性和探测目的选择物探方法。

⑥应根据地形地质条件和水工建筑物类型选择坑（槽）、孔、硐、井等勘探工程，并应有专门设计或技术要求。

⑦岩土物理力学试验的项目、数量和方法应结合工程特点、岩土体条件、勘察阶段、试验方法的适用性等确定。试样和原位测试点的选取均应具有地质代表性。

⑧工程地质勘察应重视原位监测及长期观测工作。对需要根据位移（变形）趋势或动态变化作出判断或结论的重要地质现象，应及时布设原位监测或长期观测点（网）。

⑨天然建筑材料的勘察工作应确保各勘察阶段的精度和成果质量满足设计要求。

⑩对重大而复杂的水文地质、工程地质问题，应列专题进行研究。

⑪工程地质勘察应重视分析工程建设可能引起环境地质条件的改变及其影响。

⑫勘察工作中的各项原始资料应真实、准确、完整，并应及时整理和分析。

⑬各勘察阶段均应编制并提交工程地质勘察报告。报告应结合水工建筑物的类型和特点，加强对水文地质、工程地质问题的综合分析。

（2）中小型水利水电工程地质勘察和中小型病险水库除险加固工程勘察工作应符合《中小型水利水电工程地质勘察规范》（SL 55—2005）的相关规定。

①中小型水利水电工程地质勘察工作应遵守下列规定：

a.充分了解规划设计意图及工程特点，因地制宜地进行地质勘察。

b.按照由区域到场地、由一般性调查到专门性勘察的原则进行勘察工作。

c.以地质测绘为主，优先采用轻型勘探和现场简易试验，综合利用重型勘探，加强资料的综合分析。

d.抓住主要工程地质问题，充分运用已有经验，重视采用工程地质类比和经验分析方法。

e.重视施工地质工作，加强对不良地质问题的预测和处理研究。

f.积极采用新技术、新方法，不断提高勘察技术水平和勘察质量。

②勘察工作应按勘察任务书（或勘察合同）的要求进行。勘察任务书应明确设计阶段、规划设计意图、工程规模、天然建筑材料需用量及有关技术指标、

勘察任务和对勘察工作的要求。

③开展勘察工作之前,应收集和分析工程地区已有的地形、地质资料,进行现场查勘,根据勘察任务书,结合设计方案,编制工程地质勘察大纲。

④选择工程场地应尽量避开存在严重渗漏和大型滑坡体、崩塌体等重大不良地质问题地段。

⑤小型水利水电工程地质勘察,应符合下列要求:

a.水库勘察方法应以收集分析资料和地表地质调查为主,必要时可进行局部地质测绘和勘探。对重要的或地质条件复杂的水库,则应进行地质测绘和必要的勘探。

b.主要建筑物区的勘察深度,应根据地质条件的复杂程度确定。地质条件简单的场地,可只进行剖面地质测绘和必要的物探或坑(槽)探。

⑥中小型水利水电工程特别是小型工程基岩的物理力学参数,可采用工程地质类比和经验判断方法确定,必要时应进行室内试验或现场试验。土的物理力学参数则应在试验成果的基础上,结合工程地质类比方法确定。

⑦勘察资料应及时整理和分析。各阶段勘察工作结束时,应编制工程地质勘察报告。

(3)水库枢纽工程、堤防工程、水闸与泵站工程等单项工程的地质勘察工作,还应符合相应类型单项工程的地质勘察规范规定。

### 4.1.3　测量资料

#### 4.1.3.1　相关法规标准

《水利工程质量管理规定》(2017 年修订)第二十六条,《水利水电工程测量规范》(SL 197—2013)第 3 章,《水利水电工程施工测量规范》(SL 52—2015)第 3～第 9 章。

#### 4.1.3.2　法规标准内容

《水利工程质量管理规定》(2017 年修订)第二十六条:

第二十六条　设计文件必须符合下列基本要求:

(一)设计文件应当符合国家、水利行业有关工程建设法规、工程勘测设计技术规程、标准和合同的要求。

(二)设计依据的基本资料应完整、准确、可靠,设计论证充分,计算成果可靠。

（三）设计文件的深度应满足相应设计阶段有关规定要求，设计质量必须满足工程质量、安全需要并符合设计规范的要求。

《水利水电工程测量规范》（SL 197—2013）第 3.0.1 条、第 3.0.2 条、第 3.0.3 条、第 3.0.5 条、第 3.0.6 条。

《水利水电工程施工测量规范》（SL 52—2015）第 3.1.1 条、第 4.1.1 条、第 5.1 节、第 6.1 节、第 7.1 节、第 8.1 节、第 9.1 节。

#### 4.1.3.3 工作指南

（1）测图比例尺应根据建设项目的实际需要、各专业设计规范的相关规定和规划设计专业的具体要求来选择，不同设计阶段应施测与本阶段相适应的地形图。

（2）平面坐标系统应采用现行国家坐标系统或与其相联系的独立坐标系统，按测图比例尺要求进行选择。

（3）高程系统应采用现行国家高程基准，流域重点防洪区域也可采用原有高程基准。

（4）边远地区且与国家现行控制点联测困难时，可采用独立的平面和高程系统。在已有平面和高程控制的地区，可沿用已有的平面和高程系统，并提供该坐标系统与现行国家坐标系统的换算关系。

（5）同一工程不同设计阶段的测量工作，宜采用同一平面坐标系统、高程系统。

（6）平面控制测量、高程控制测量、数字地形测量、航空航天测量、地面激光扫描与地面摄影测量、遥感解译、地图编制、专项工程测量、地理信息系统开发、空间数据编辑与入库、成果验收与质量检查评定等相关要求，按照《水利水电工程测量规范》（SL 197—2013）的规定执行。

### 4.1.4 其他资料

（1）勘察设计单位应注意收集工程所在地环境保护要求、文物保护要求及少数民族风俗习惯。

（2）勘察设计单位应提请项目建设单位提供以下资料：

①可行性研究报告及附件。

②可行性研究报告批复文件及与工程有关的其他重要文件。

③工程所在地的江河流域规划、区域综合规划或专业规划、专项规划。

④已建工程资料。

（3）勘察设计单位应通过项目建设单位，协调市政等部门，收集工程影响范围内的供水、供电、供气、供热、供油、通信、广电、照明、排污、排水、环卫等地下和地上专项设施资料。

## 4.2　文件编制

### 4.2.1　初步设计报告

#### 4.2.1.1　相关法规标准

《建设工程勘察设计管理条例》（2017 年修订）第二十六条，《水利水电工程初步设计报告编制规程》（SL/T 619—2021）。

#### 4.2.1.2　法规标准内容

《建设工程勘察设计管理条例》（2017 年修订）第二十六条中的相关内容：

编制方案设计文件，应当满足编制初步设计文件和控制概算的需要。编制初步设计文件，应当满足编制施工招标文件、主要设备材料订货和编制施工图设计文件的需要。

#### 4.2.1.3　初步设计报告的主要内容和深度

（1）复核并确定工程场址的水文成果。

（2）查明水库区及主要建筑物的工程地质条件，评价存在的工程地质问题。对天然建筑材料进行复核，必要时对区域构造稳定性进行复核。

（3）说明工程任务及具体要求，复核工程规模，确定运行原则，明确运行方式。

（4）复核工程等级和设计标准，选定坝型，确定工程总体布置及主要建筑物的轴线、输水线路、结构型式和布置、控制高程、主要尺寸和数量。

（5）选定水力机械、电气、金属结构、采暖通风及空气调节等系统设计方案及设备型式和布置。

（6）确定消防设计方案和主要设施。

（7）复核对外交通运输方案，选定料场、施工总布置，确定施工导流方式及建筑物结构设计、主要建筑物施工方法及施工总工期。提出建筑材料、劳动力、施工用电用水的需要数量及来源。

（8）复核建设征地范围和各项实物，确定农村移民生产安置规划和搬迁安置规划，提出集中居民点、城（集）镇迁建和专项设施复（改）建等初步设计文件，开展企（事）业单位资产补偿评估工作。

（9）复核环境影响，确定各项环境保护措施设计方案。

（10）复核水土流失防治责任范围，确定水土保持工程设计方案。

（11）确定劳动安全与工业卫生的设计方案，确定主要措施。

（12）确定工程的能源消耗种类和数量、能耗指标、设计原则、节能措施及工程节能设计方案。

（13）提出工程管理设计。

（14）确定工程信息化建设内容、功能及技术实现方案，确定系统建设方案及软、硬件技术要求和配置。

（15）编制设计概算。

（16）复核经济评价指标。

（17）提出工程建设初步设计的主要结论。说明可能存在的主要问题和风险，并提出解决措施或风险规避措施。简述下阶段有关工作建议。

#### 4.2.1.4　初步设计报告附件

水利水电工程初步设计报告可包括以下附件：

（1）可行性研究报告批复文件及与工程有关的其他重要文件。

（2）相关专题论证、审查会议纪要或意见。

（3）工程地质勘察报告。

（4）建设征地与移民安置规划设计报告。

（5）其他重要专题和试验研究报告。

#### 4.2.1.5　初步设计报告的章节编排

初步设计报告的章节可参照本指南附录 H 所列依次编排，具体要求详见《水利水电工程初步设计报告编制规程》（SL/T 619—2021）。

#### 4.2.1.6　初步设计报告的编制格式

（1）报告封面应满足以下要求：

①封面应包括报告名称、设计单位全称和报告完成的年月等内容。

②由多家设计单位参加完成的项目，应根据在项目设计中的作用排序，以第一家设计单位为责任单位。

③报告版本较多时还应注明版本性质，如送审、修订等内容。

（2）扉页应包括以下内容：

①设计单位的资质证明、质量管理体系认证证书。

②设计单位签审署名页。署名包括批准人、审核人、设计总工程师、专业负责人、主要编写人员。其中批准人、审核人、设计总工程师应有签名。

③工程位置图、工程效果图或鸟瞰图。

（3）初步设计报告各章开始的扉页中应列出审查人、校核人、编写人员名单。名单应包括职称、注册执业资格证书编号、签名。

（4）初步设计报告的章节安排应将"综合说明"列为第一章，以下各章内的节名，可参照本指南附录 H 各节名称，并根据实际情况取舍。

（5）所附批文和相关文件较多的工程，应将所附文件与本报告的综合说明一起，单独汇编成册。

（6）报告所需附件应按专业编排顺序，单独成册。

（7）本指南附录 I 和附录 J 分别列出了水土保持方案报告书的编写提纲和环境影响报告表的编制要求，可供读者参考。

## 4.2.2　施工图设计文件

### 4.2.2.1　相关法规标准

《建设工程勘察设计管理条例》（2017 年修订）第二十六条。

### 4.2.2.2　法规标准内容

《建设工程勘察设计管理条例》（2017 年修订）第二十六条中的相关内容：

编制施工图设计文件，应当满足设备材料采购、非标准设备制作和施工的需要，并注明建设工程合理使用年限。

### 4.2.2.3　一般规定

（1）设计单位应按合同要求或供图协议及时提供施工图设计说明和施工图纸。

（2）施工图设计文件应按照已批准的初步设计、环境影响报告书、水土保持方案等进行编制，并落实初步设计审查意见。

（3）施工图设计应严格执行工程建设标准强制性条文，并在施工图设计总说明中简要说明执行情况。

（4）施工图设计文件应满足设备材料采购和施工的需要，并注明工程合理使用年限。水利水电工程合理使用年限根据工程等别和建筑物类别综合确定,具体规定可参考本指南附录 L。

（5）施工图设计文件的基本数据应完整可靠,技术参数应科学合理,计算方法应正确可行。

（6）施工图设计文件应采用国家法定计量单位并在总说明或图纸说明中明确。

（7）大型水利工程的施工图设计说明宜单独编制成册,中小型水利工程可设置在施工图前或各专业图纸前。多种建筑物组成的枢纽工程,施工图设计总说明应包括所有建筑物说明内容。

（8）施工图设计文件中应注明安全注意事项和安全要求。

（9）施工图设计文件应签署齐全。

#### 4.2.2.4　施工图设计说明书

施工图设计说明通常按照单体工程编制,如河道、水闸、泵站、水库等,一般应包括以下内容:

（1）水文、地质等基本资料。

（2）工程规模、工程等级、设计标准、地震设计烈度、采用技术标准、合理使用年限、环境类别、耐久性相关指标等。

（3）工程总体布置。

（4）地基处理的方案。

（5）主要工程结构设计。

（6）金属结构主要结构型式,包括闸门的布置和结构型式、主要设计参数、工作条件及运行方式;启闭机系统设计和布置、机械设备型号、运行条件、设计参数等。

（7）电气及自动化设计方案,包括接入电力系统方式、工程负荷等级、电气主接线、主要电气设备选择以及设备布置方式等。

（8）施工临时设施,包括施工导截流、施工围堰、施工降排水、与其他在建或已建建筑物的影响分析等。

（9）初步设计审查意见落实情况。

（10）简要说明工程建设标准强制性条文执行情况。

（11）施工中应注意的技术关键点或关键工序,新材料、新技术、新工艺、新设备的使用情况及注意事项。

（12）影响安全的关键点和建议要求。

（13）运行管理要求，包括工程施工期与管理运行期的观测衔接、运行期的控制运用方案、工程检修的注意事项等。

（14）水土保持、环境保护等设计。

（15）劳动安全与工业卫生设计。

### 4.2.2.5　设计图纸

（1）河道工程

①土方开挖工程

a.河道土方开挖工程施工图一般包括平面布置图、纵断面图、横断面图、施工布置图等。

b.平面布置图应反映河道中心线、断面控制桩坐标或相对位置，河道沿线建筑物位置、名称，防汛道路，征地红线，弃土区、临时集土区等。

c.纵断面图应反映工程现状和设计主要特征参数，一般包括工程现状、设计河底高程、平台高程、护砌上下限、水位线等。

d.横断面图应反映河道工程的主要设计尺寸，包括河道设计中心线、底宽、底高程、坡比、平台高程和宽度、断面定位桩位置等。一般按 50～100 m 间距绘制横断面，特殊地形段应适当加密。

e.施工布置图一般包括施工导流、围堰，场地布置图等。

②堤防填筑工程

a.河道堤防填筑工程施工图一般包括平面布置图、纵断面图、横断面图、施工布置图、取土区及弃土区布置图、防渗处理图、与穿堤建筑物连接图等。

b.平面布置图应反映河道中心线、断面控制桩坐标或相对位置，河道沿线建筑物位置、名称，防汛道路，征地红线，取土区、临时集土区等。

c.纵断面图应反映工程现状和设计主要特征参数，一般包括工程现状，设计堤防顶高程、平台高程、护砌上下限、水位线等。

d.横断面图应符合下列要求：

Ⅰ）一般按 50～100 m 间距绘制横断面，标注定位桩位置，特殊地形段应适当加密。

Ⅱ）图中应反映堤防工程的主要设计尺寸，包括堤防设计中心线、顶高程、顶宽，戗台高程及宽度，内外坡比等。

Ⅲ）图纸说明中应明确筑堤材料、填筑标准、施工注意事项等。

③防护工程

a.河道防护工程施工图一般包括总体布置图,平面、断面图,施工布置图等。

b.总体布置图应反映防护位置、范围、征地红线等。

c.平面、断面图应符合下列要求:第一,图中应反映防护的结构型式、尺寸、范围、上下游连接等,必要时可增加大样图反映结构型式和尺寸。第二,图纸说明中应明确防护材料特性、上方回填施工质量控制要求、垫(滤)层的粒径、排水孔布置要求等。

d.施工布置图应反映边坡整修或基坑开挖,施工排水、围堰,场区布置等。

(2)水闸(涵洞)工程

①水工、土建工程施工图:

a.水闸(涵洞)土建工程施工图一般包括总平面布置图(征地红线图),总体布置图,岸墙、翼墙布置图,闸上交通桥布置图,闸上工作桥布置图,钢筋图,地基处理设计图,观测设施设计图,管理区布置图,施工布置图等。

b.总平面布置图应反映各建筑物的相对位置及坐标和征地红线、管理区、弃土(渣)区、排泥场、临时集土区等的布置情况。

c.征地红线图应反映永久征地和临时占地范围,标注红线拐点的坐标,可利用总平面布置图适当简化建筑物的细部线条。

d.总体布置图应符合下列要求:第一,总体布置图应包括平面、立面、剖面。第二,施工图应反映建筑物的主要结构型式、主要尺寸、高程,特征水位,两岸连接、基础处理、消能防冲、护砌、道路连接、场地排水、堤防连接、建筑物分缝、观测设施等内容。

e.岸墙、翼墙布置图一般包括平面布置及结构剖面图,应符合下列要求:第一,平面布置图应反映结构分段和尺寸,翼墙与护坦、消力池、护坡间的衔接;圆弧扶臂式翼墙应反映扶臂间角度及间距。第二,剖面图应反映结构尺寸、埋置深度、结构间伸缩缝的填充材料和范围;空箱结构应反映空箱中填土或充水的范围及布置等。

f.闸上交通桥布置图包括平面布置及剖面图,应符合下列要求:图纸中应反映桥梁结构型式及尺寸、支座型式、桥梁伸缩缝、防撞护栏(或栏杆)、人行道、桥头搭板、桥面铺装层、桥面横坡、桥面排水、两岸道路接线等。

g.闸上工作桥布置图包括平面布置及剖面图,应符合下列要求:图纸中应反映工作桥主梁、横系梁、启闭机支承梁、启闭机房支承梁等结构型式及尺寸，支座型式，伸缩缝布置，预埋螺栓布置等。

h.其他结构图一般包括胸墙、工作便桥、栏杆、护砌工程等的设计图。

i.地基处理布置图一般包括平面和剖面图，应符合下列要求：第一，填处理应反映深度、范围、材料的要求，分层厚度、碾压等施工要求，压实度或相对密度、承载力等质量要求。第二，钻孔灌注桩、预制桩等桩基处理应反映基桩布置范围、形式、桩径、桩长、间距等，图纸说明中应明确施工质量控制和检测要求。第三，复合地基处理应反映复合地基处理的范围、方式等，图纸说明中应明确掺合料的材料特性及掺量、褥垫层材料特性及厚度、施工质量控制及检测等要求。第四，沉井处理应反映沉井的布置、结构尺寸，下沉顺序、分次下沉、封底等要求，图纸说明中应明确混凝土强度等级、耐久性指标以及沉井结构的下沉速率、井内外水位等施工质量控制要求。

j.钢筋图一般包括平面图、剖面图、钢筋表，应符合下列要求：第一，平面图应按不同层面分别绘制，反映钢筋型号、直径、间距（或根数）、长度、截断点位置、排列方式等。第二，剖面图应在钢筋变化点、截断点前后分别绘制，应反映主筋和分布筋的内外次序、拉接筋的布置，还应反映钢筋型号、直径、间距（或根数）、长度、截断点位置等，预制构件应反映起吊钢筋或加强筋的布置等。第三，钢筋布置较复杂的部位宜绘制钢筋大样图，反映钢筋型号、直径、形状等，并在平面图或剖面图中作相应标注。第四，钢筋表应明确编号、型号、直径、形状、尺寸、数量、重量等。第五，图纸说明中应明确钢筋的强度、保护层厚度、钢筋连接和锚固要求等。

k.管理区布置图应反映管理区范围、管理用房、内外交通、给排水、照明、围墙等的设计情况。

l.涵洞工程除满足水闸施工图编制要求外，还应增加涵洞洞身结构图，明确洞顶及两侧回填土施工工艺及质量控制要求等。

②金属结构施工图：水闸（涵洞）金属结构施工图一般包括闸门、启闭机等设备布置图，闸门总图，启闭机安装布置图，检修闸门及启闭设备结构布置图等。

③电气及自动化工程施工图：水闸（涵洞）电气及自动化施工图一般包括电气主接线图、启闭机控制原理图、自动控制系统图、视频监视系统图、端子图、电气设备布置与基础管道预埋图、照明系统布置图、防雷接地图等。

（3）泵站工程

①水工土建工程施工图：

a.泵站土建工程施工图一般包括总平面布置图（征地红线图），总体布置图，地质平面及剖面图，岸墙、翼墙、站上交通桥、工作桥、清污机桥布置图，流道设计图，基础处理图，观测设施布置图，施工布置图，钢筋图，管理区布置图等。

b.总体布置图应符合下列要求：第一，总体布置图应包括平面、立面、剖面，立式泵一般包括水泵层、联轴层、电机层平面等，卧式泵一般包括水泵层、电机层平面等。第二，图中应反映建筑物的主要结构型式、主要尺寸、高程，特征水位及扬程，两岸连接、基础处理、护砌、道路连接、场地排水、建筑物分缝、观测设施等内容。第三，当水泵模型试验未完成前绘制总体布置图，可参照初步设计的水泵尺寸和流道型式确定，图纸说明中应明确。第四，图纸说明应明确混凝土强度指标、抗冻和抗渗等耐久性指标、土方回填质量控制指标、垫（滤）层的级配要求、新材料的技术要求等。

c.清污机桥布置图包括平面布置及剖面图，应符合下列要求：第一，图纸中应反映底板、墩墙、交通桥面结构型式及尺寸，伸缩缝布置，清污机预埋件布置等。第二，图纸说明中应明确清污机型号，混凝土强度、耐久性指标等要求。

d.流道设计图包括流道平面、剖面及断面图，图纸中应反映便于流道范本制作的各详细尺寸，图纸说明中应明确流道模板表面处理的技术要求等。

②电气及自动化工程施工图：泵站电气及自动化工程施工图一般包括电气主接线图、站用电系统接线图、高（低）压配电装置排列图、保护测量配置图、高压设备二次原理图、低压设备二次原理图、直流系统图、自动控制系统图、视频系统图、端子图、电缆清册、电气设备总平面布置图、电气设备布置图、电缆桥架与电缆沟布置图、设备基础与管道预埋布置图、电气设备安装图与大样图、照明系统布置图、防雷接地图等。

③水力机械及辅助设备工程施工图：泵站水力机械及辅助设备工程施工图一般包括主机组安装布置图，进、出水流道单线图，排水系统及布置图，技术供水系统及布置图，气系统及布置图，油系统及布置图，水力监测系统图，通风系统布置图等。

（4）水库工程

①水库土建工程施工图一般包括总平面布置图（征地红线图），总体布置图，地质平面图及剖面图，土石坝（重力坝、拱坝）等挡水建筑物纵断面图、典型

横断面图、坝体结构细部图,溢洪道总体布置图,溢洪闸布置图,溢洪道进出水渠、控制段、泄槽、消能防冲设施及出水渠结构图,涵洞等引水建筑物结构布置图,交通桥布置图,工作桥布置图,其他结构图,基础处理布置图,观测设施布置图,施工布置图,钢筋图,管理区布置图等。

②溢洪道总体布置图包括进水渠、控制段、泄槽、消能防冲设施及出水渠等平面布置图及断面图。溢洪道进出水渠、控制段、泄槽、消能防冲设施及出水渠结构图等应反映不同断面或渐变断面的断面图,图纸说明中明确材料的质量控制及施工控制要求。

③水库中的溢洪闸、放水洞等水工建筑物的图纸编制要求参见本指南4.2.2.5节中的"水闸(涵洞)工程"部分。

(5)桥梁工程

①桥梁施工图一般包括桥位平面图,征地红线图,桥位工程地质纵剖面图,桥型布置图,结构设计图,钢筋图,接线道路平、剖面图,路基、路面施工图,构造物及附属工程图等。

②桥位平面图应反映桥位地形、桥梁位置、墩台位置、指北针、高程系统及防护工程等。桥头接线应示出路线中心线、直线或平曲线半径、缓和曲线参数,桥梁长度、桥梁中心桩号和交角。

③桥型布置图应包括立面(或纵剖面)、平面、横剖面图,应符合下列要求:

a.图中应反映河床断面、地质分界线、钻孔位置及编号、特征水位、冲刷深度、墩台高度及基础埋置深度、桥面纵坡以及各部尺寸和高程。

b.斜桥应反映水流方向和斜交角度。

c.设计要素栏内应列出里程桩号、设计高程、地面高程、坡度、坡长、竖曲线要素、平曲线要素等。

④结构设计图应绘出上、下部结构、基础及其他细部结构设计图,列出材料数量表,提出桥梁上部结构施工顺序等施工技术要求。

⑤路基、路面标准横断面结构图应反映路面、路床、路基、排水等结构具体尺寸及材料要求、施工注意事项等,特殊路基结构应反映路基处理设计。

(6)信息化工程

信息化工程施工图一般包括:系统架构图、信息采集点分布图、工程平面布置图、通信与计算机网络拓扑图、UC 图、TCP/IP 四层模型图(网络接口层、网络层、传输层、应用层)、DW 传统数据仓库三层架构图、云数据仓库架构图、

IOT 物联网边缘计算架构图、ODS 数据存储架构图、ETL 数据处理图、DFD 图、IPO 图、STD 图、层次方框图、Warnier 图、Jackson 图、E-R 图、网络应用程序体系结构图、网络应用进程通信图、中间件分布图、WEB 应用图、云计算图、横向业务流程图、纵向业务流程图、数据流程图、系统部署图、层次图、结构图、HIPO 图、N-S 图、PAD 图、数据应用视图模型图、信息交换体系图、系统集成设计图等。

### 4.2.3 "错、缺、漏、碰"处理

#### 4.2.3.1 相关法规标准

《水利工程质量管理规定》（2017 年修订）第二十六条。

#### 4.2.3.2 法规标准内容

第二十六条 设计文件必须符合下列基本要求：

（一）设计文件应当符合国家、水利行业有关工程建设法规、工程勘测设计技术规程、标准和合同的要求。

（二）设计依据的基本资料应完整、准确、可靠，设计论证充分，计算成果可靠。

（三）设计文件的深度应满足相应设计阶段有关规定要求，设计质量必须满足工程质量、安全需要并符合设计规范的要求。

#### 4.2.3.3 工作指南

（1）设计单位应建立健全质量管理体系或者质量管控规章制度，加强成果"校审"过程管理，协调各专业之间及与外部各单位之间的技术接口，尽量避免设计成果中出现"错误、缺项、漏项、不同专业间矛盾"等现象。

（2）设代人员自行发现或者经项目法人、监理单位、施工单位等参建方提醒后，发现设计成果中存在"错误、缺项、漏项、不同专业间矛盾"等现象的，应对设计文件进行修改完善，并将修改后的成果及时提交项目法人，需要履行报批手续的按规定执行。

### 4.2.4 可研、初设审查和审批意见

#### 4.2.4.1 相关法规标准

《水利工程质量管理规定》（2017 年修订）第二十六条，《水利水电工程初步设计报告编制规程》（SL/T 619—2021），可研、初设报告审批等文件。

#### 4.2.4.2　法规标准内容

《水利工程质量管理规定》(2017 年修订)第二十六条中的第(三)条：

第二十六条　设计文件必须符合下列基本要求：

……

(三)设计文件的深度应满足相应设计阶段有关规定要求,设计质量必须满足工程质量、安全需要并符合设计规范的要求。

《水利水电工程初步设计报告编制规程》(SL/T 619—2021)第 1.0.7 条中的第(1)、(2)条。

#### 4.2.4.3　工作指南

(1)初步设计报告第一章"综合说明"中应包括：可行性研究报告审查意见及修改情况说明。

(2)施工图设计说明应包括：初步设计报告审查意见及修改情况说明。

(3)竣工验收设计工作报告应包括：有关主管部门对初步设计的审查意见,重点叙述审查意见中要求在施工阶段研究或解决的设计问题是否解决。

### 4.2.5　工程验收设计单位评价意见

#### 4.2.5.1　相关法规标准

《水利工程质量管理规定》(2017 年修订)第二十八条。

#### 4.2.5.2　法规标准内容

第二十八条　设计单位应按水利部有关规定在阶段验收、单位工程验收和竣工验收中,对施工质量是否满足设计要求提出评价意见。

#### 4.2.5.3　工作指南

(1)设计项目负责人(设总)应当参加或者组织设计人员参加重要隐蔽(关键部位)单元工程验收、分部工程验收、单位工程验收、施工合同完成验收、阶段验收和竣工验收,并签署意见。如在验收中发现施工质量不满足设计要求,可拒绝签字并提出书面评价意见。

(2)设计项目负责人(设总)应组织相关人员及时将相关验收资料归档保存。

#### 4.2.6　工程验收设计工作报告

##### 4.2.6.1　相关法规标准

《水利工程建设项目管理规定（试行）》（2016年修订）第十五条。

##### 4.2.6.2　法规标准内容

《水利工程建设项目管理规定（试行）》（2016年修订）第十五条中的第2条第（1）款：

工程基本竣工时，项目建设单位应按验收规程要求组织监理、设计、施工等单位提出有关报告，并按规定将施工过程中的有关资料、文件、图纸造册归档。

##### 4.2.6.3　工作指南

（1）在工程竣工验收前，设计项目负责人（设总）应当按照规范要求组织设计人员编制工程竣工验收设计工作报告。

（2）项目分管总工或设计项目负责人（设总）、专业负责人应参加竣工验收会议，根据会议安排，作相关工作汇报，解答验收委员会提出的问题，并应作为被验收单位代表在验收鉴定书上签字。

（3）设计项目负责人（设总）应组织相关人员及时将相关验收资料归档保存。

（4）竣工验收设计工作报告主要内容如下：

①工程概况，简要叙述工程位置、工程布置、主要技术经济指标、主要建设内容等。

②工程规划设计要点，简述工程规划、设计方面的技术指标和特点。

③工程设计审查意见落实，有关主管部门对初步设计的审查意见，重点叙述审查意见中要求在施工阶段研究或解决的设计问题是否解决。

④工程标准，指有关质量标准的设计值、国家或行业标准中的指标、合同指标、工程实际达到的指标，需进行必要的比较。当工程实际达到的指标不满足设计或国家和行业技术标准时，应简述设计方面的意见。

⑤设计变更，指施工过程中与批准的初步设计之间的变化，重大设计的变更缘由。

⑥设计文件质量管理，主要是设计文件的深度是否满足国家或行业标准，是否满足设计合同约定的标准，是否存在由于设计造成的工程返工或质量

问题。

⑦设计服务,设计任务的获得、设计合同有关义务的履行、现场设计服务等。

⑧工程评价,从设计方面评价工程是否达到设计要求。

⑨经验与建议。

⑩附件:

a.设计机构设置和主要工作人员情况表,主要工作人员包括设计项目负责人(设总),各专业技术负责人等。

b.工程设计大事记。

c.技术标准目录,指设计依据的国家或行业技术标准。

(5)单位工程验收、合同工程验收、机组启动验收等不同类型验收均应有设计工程报告,可参照竣工验收设计工作报告的格式编写。

## 4.3 设计变更

### 4.3.1 设计变更文件编制

#### 4.3.1.1 相关法规标准

《水利工程设计变更管理暂行办法》(水规计〔2020〕283 号)第十四条、第十五条,《建设工程勘察设计管理条例》(2017 年修订)第二十八条。

#### 4.3.1.2 法规标准内容

《水利工程设计变更管理暂行办法》(水规计〔2020〕283 号)第十四条、第十五条:

第十四条 重大设计变更文件编制应当满足初步设计阶段的设计深度要求,有条件的可按施工图设计阶段的设计深度进行编制。设计变更报告内容及附件要求如下:

(一)设计变更报告主要内容

1.工程概况

2.设计变更的缘由、依据

3.设计变更的项目和内容

4.设计变更方案比选及设计

5.设计变更对工程任务和规模、工程安全、工期、生态环境、工程投资、效益和运行等方面的影响分析

6.变更方案工程量、投资以及与原初步设计方案变化对比

7.结论及建议

（二）设计变更报告附件

1.项目原初步设计批复文件

2.设计变更方案勘察设计图纸、原设计方案相应图纸

3.设计变更相关的试验资料、专题研究报告等

第十五条　一般设计变更文件的编制内容，可根据工程具体情况适当简化。

《建设工程勘察设计管理条例》（2017年修订）第二十八条：

第二十八条　建设单位、施工单位、监理单位不得修改建设工程勘察、设计文件；确需修改建设工程勘察、设计文件的，应当由原建设工程勘察、设计单位修改。经原建设工程勘察、设计单位书面同意，建设单位也可以委托其他具有相应资质的建设工程勘察、设计单位修改。修改单位对修改的勘察、设计文件承担相应责任。

施工单位、监理单位发现建设工程勘察、设计文件不符合工程建设强制性标准、合同约定的质量要求的，应当报告建设单位，建设单位有权要求建设工程勘察、设计单位对建设工程勘察、设计文件进行补充、修改。

建设工程勘察、设计文件内容需要作重大修改的，建设单位应当报经原审批机关批准后，方可修改。

### 4.3.1.3　工作指南

（1）重大设计变更文件编制内容须符合《水利工程设计变更管理暂行办法》（水规计〔2020〕283号）第十四条的要求。

（2）重大设计变更文件未经批复，设计单位不得擅自提供变更图纸用于工程施工。

（3）一般设计变更文件的编制内容，可根据工程具体情况适当简化。一般

应包括设计变更的缘由、设计变更的项目和内容、设计变更对现有工程的影响分析、变更方案工程量等内容。

（4）一般设计变更文件可采用设计变更报告或者设计变更通知的形式，须签署齐全并加盖设计单位证章；不得用会议纪要代替设计变更文件。

（5）设计变更文件应按照合同约定和项目法人的要求及时提供，不得因设计变更文件编制不及时而影响工程建设进度或结算。

（6）其他参建单位不得自行修改勘察、设计文件。确需修改勘察、设计文件的，应当由原勘察、设计单位修改。

（7）经原勘察、设计单位书面同意，建设单位也可以委托其他具有相应资质的勘察、设计单位修改勘察、设计文件。修改单位对修改的勘察、设计文件承担相应责任。

（8）勘察、设计文件不符合工程建设强制性标准、合同约定的质量要求的，勘察、设计单位应对勘察、设计文件进行补充、修改，不得推诿、拒绝。

### 4.3.2 设计变更文件审批

#### 4.3.2.1 相关法规标准

《水利工程设计变更管理暂行办法》（水规计〔2020〕283 号）第十六条、第十七条、第十八条。

#### 4.3.2.2 法规标准内容

第十六条 工程设计变更审批采用分级管理制度。重大设计变更文件，由项目法人按原报审程序报原初步设计审批部门审批。报水利部审批的重大设计变更，应附原初步设计文件报送单位的意见。

第十七条 一般设计变更文件由项目法人组织有关参建方研究确认后实施变更，并报项目主管部门核备，项目主管部门认为必要时可组织审批。设计变更文件审查批准后，由项目法人负责组织实施。

第十八条 特殊情况重大设计变更的处理：

（一）对需要进行紧急抢险的工程设计变更，项目法人可先组织进行紧急抢险处理，同时通报项目主管部门，并按照本办法办理设计变更审批手续，并附相关的资料说明紧急抢险的情形。

（二）若工程在施工过程中不能停工，或不继续施工会造成安全事故或重大质量事故的，经项目法人、勘察设计单位、监理单位同意并签字认可后即可施工，但项目法人应将情况在 5 个工作日内报告项目主管部门备案，同时按照本办法办理设计变更审批手续。

### 4.3.2.3 工作指南

（1）设计单位应按照《水利工程设计变更管理暂行办法》（水规计〔2020〕283 号）的规定，编制重大设计变更报告和一般设计变更文件，配合项目法人履行审批手续。

（2）如设计变更文件需要行政主管部门或者其委托的咨询机构、专家组审查，设计单位应派员参加审查会议，做好变更文件汇报和解释工作，并按照审查意见修改完善后及时提交设计变更文件报批稿。

## 4.4 设计服务

### 4.4.1 施工图和设计文件提交

#### 4.4.1.1 相关法规标准

《水利工程质量管理规定》（2017 年修订）第二十七条。

#### 4.4.1.2 法规标准内容

《水利工程质量管理规定》（2017 年修订）第二十七条中的相关内容：

设计单位应按合同规定及时提供设计文件及施工图纸，在施工过程中要随时掌握施工现场情况，优化设计，解决有关设计问题。

#### 4.4.1.3 工作指南

（1）设计单位应按照合同要求或供图协议编制施工图供图计划。

（2）施工图和其他设计文件可分期分批提供，但供图进度需满足工程施工进度要求。

### 4.4.2 现场设代机构

#### 4.4.2.1 相关法规标准

《水利工程质量管理规定》（2017 年修订）第二十七条。

#### 4.4.2.2 法规标准内容

第二十七条 设计单位应按合同规定及时提供设计文件及施工图纸,在施工过程中要随时掌握施工现场情况,优化设计,解决有关设计问题。对大中型工程,设计单位应按合同规定在施工现场设立设计代表机构或派驻设计代表。

#### 4.4.2.3 工作指南

(1)设计单位应按照合同约定,及时成立设代服务机构,并形成正式文件,文件格式可参考本指南附录M。

(2)设代机构负责人应由项目分管总工或设计项目负责人(设总)担任,设代服务机构其他人员组成应涵盖工程勘察、设计所涉及的所有专业。

(3)设代人员驻工地现场时间应满足合同要求。

(4)设代机构主要负责人变更须经建管单位同意。

(5)现场设代人员须及时处理工程建设现场出现的问题、不同人员之间工作交接须到位。

(6)设代机构须按规定编制《设代日志》《设代月报》《设代年报》等文件,《设代日志》和《设代月报》主要内容可参考本指南附录K,《设代年报》主要内容与《设代月报》基本相同。

(7)设代机构应建立健全管理制度,可包括但不限于以下方面内容:①人员在岗;②协商管理;③技术管理;④环保管理;⑤安全管理;⑥内部会议;⑦档案管理;⑧服务检查。

### 4.4.3 设计交底

#### 4.4.3.1 相关法规标准

《建设工程勘察设计管理条例》(2017年修订)第三十条。

#### 4.4.3.2 法规标准内容

第三十条 建设工程勘察、设计单位应当在建设工程施工前,向施工单位和监理单位说明建设工程勘察、设计意图,解释建设工程勘察、设计文件。建设工程勘察、设计单位应当及时解决施工中出现的勘察、设计问题。

#### 4.4.3.3 工作指南

(1)勘察、设计单位应根据项目法人或监理要求及时进行设计交底,设计交底包括工程设计内容技术交底和设计安全技术交底。交底时需提供设计交底报告。

（2）工程设计内容技术交底应向相关参建方说明设计内容、设计意图，解释设计文件和技术难点，提出在施工时应注意的关键问题；对设计文件中发现的问题进行澄清和说明；进行现场问题答疑等。

（3）设计安全技术交底要求设计单位就工程的外部环境、工程地质、水文条件对工程施工安全可能构成的影响，工程施工对当地环境安全可能造成的影响，以及工程主体结构和关键部位的施工安全注意事项等进行设计交底。

### 4.4.4 解决施工中勘察设计问题

#### 4.4.4.1 相关法规标准

《建设工程勘察设计管理条例》（2017 年修订）第三十条。

#### 4.4.4.2 法规标准内容

第三十条 建设工程勘察、设计单位应当在建设工程施工前，向施工单位和监理单位说明建设工程勘察、设计意图，解释建设工程勘察、设计文件。建设工程勘察、设计单位应当及时解决施工中出现的勘察、设计问题。

#### 4.4.4.3 工作指南

（1）设代人员对工程施工中出现的特殊地质问题，应及时作出地质预报，并提出处理方案。

（2）工程地形或建设条件发生较大变化时，须及时调整设计，不得因设计原因影响工程质量和施工进度。

（3）按合同要求进行建基面地质编录或编写地质情况说明。

（4）按要求参加与勘察设计有关的的监理例会、质量分析会等各类会议。

（5）参加重要隐蔽（关键部位）单元工程验收、分部工程验收、单位工程验收、施工合同完成验收、阶段验收和竣工验收。

（6）配合建设单位，派员参加各级部门组织的审计、巡查、检查、稽查等工作，并做好资料提供和解释说明。

（7）提交符合要求的设计工作报告。

（8）发现不符合设计要求的工程项目，向项目法人提出书面意见。

### 4.4.5　参加质量事故分析

#### 4.4.5.1　相关法规标准

《建设工程质量管理条例》(2019 年修订)第二十四条。

#### 4.4.5.2　法规标准内容

第二十四条　设计单位应当参与建设工程质量事故分析,并对因设计造成的质量事故,提出相应的技术处理方案。

#### 4.4.5.3　工作指南

(1)勘察、设计单位项目组分管总工或项目负责人(设总)、专业负责人应参加质量事故调查和分析,并对因设计原因造成的质量事故,提出与设计工作相关的技术处理措施。

(2)勘察、设计单位应及时对质量监督、质量检查、质量巡查和稽查等发现的质量问题进行整改。

# 第5章　强制性标准执行

## 5.1　工程勘察、工程设计、采用的材料和设备

### 5.1.1　相关法规标准

《水利工程建设标准强制性条文管理办法（试行）》（水国科〔2012〕546号）第十六条、第二十二条，《水利工程建设标准强制性条文（2020年版）》。

### 5.1.2　法规标准内容

《水利工程建设标准强制性条文管理办法（试行）》（水国科〔2012〕546号）第十六条、第二十二条：

第十六条　勘测设计单位必须按照强制性条文开展工作，定期对强制性条文执行情况进行自查，并对其完成的成果质量负责。不符合强制性条文的勘测、设计等成果，不得批准。

第二十二条　工程竣工验收前，水利工程建设项目法人、勘测、设计、施工、监理、检测、验收技术鉴定等单位，需分别对执行强制性条文情况进行检查，检查情况应作为验收资料的组成部分。

### 5.1.3　工作指南

（1）勘察设计单位应在质量管理体系文件或者单位规章制度中明确设置执行和检查强制性条文的环节和要求。

（2）勘察设计单位应组织技术人员参加工程建设标准强制性条文培训学习，使全体员工熟悉、掌握强制性条文的要求。

（3）在勘察设计过程中，各专业负责人应提前识别本专业涉及的强制性条文要求，各专业审查人员把强制性条文执行情况作为重点内容进行严格审查把关。

（4）工程竣工验收前，勘察设计单位项目负责人（设总），需组织各专业设计人员分别对强制性条文执行情况进行检查，检查情况应作为验收资料的组成部分。

（5）检查勘测设计成果中所涉及强制性条文的执行情况时，需对照《水利工程建设标准强制性条文（2020 年版）》，分专业填写检查表。自查格式可参照本指南附录 E。

## 5.2 "四新"技术

### 5.2.1 相关法规标准

《水利工程建设标准强制性条文管理办法（试行）》（水国科〔2012〕546 号）第二十条，《水利工程建设标准强制性条文（2020 年版）》。

### 5.2.2 法规标准内容

《水利工程建设标准强制性条文管理办法（试行）》（水国科〔2012〕546 号）第二十条：

第二十条　工程建设中拟采用的新技术、新工艺、新材料、新装备，应由拟采用单位提请，项目法人组织相关专家对其是否符合强制性条文进行专题技术论证，按程序履行审批手续。

### 5.2.3 工作指南

（1）勘察、设计单位应在质量体系文件或者单位规章制度中明确设置"四新"技术应用控制环节。

（2）在工程勘察、设计中采用"四新"技术，设计单位须对其是否符合强制性条文进行分析论证，并提请项目法人组织相关专家进行专题技术论证，保留专家论证意见和专家签字表备查。相关勘察、设计文件按规定程序审批。

# 第6章 安全管理

## 6.1 相关法规标准

《水利工程建设质量与安全生产监督检查办法(试行)》(水监督〔2019〕139号)、《水利水电工程施工安全管理导则》(SL 721—2015)、《水利建设项目稽察常见问题清单》(2021年版)。

## 6.2 法规标准内容

《水利工程建设质量与安全生产监督检查办法(试行)》(水监督〔2019〕139号)、《水利水电工程施工安全管理导则》(SL 721—2015)和《水利建设项目稽察常见问题清单》(2021年版)中涉及勘察设计单位的相关条款。

## 6.3 工作指南

### 6.3.1 安全管理体系

(1)勘察、设计单位应根据单位实际,设立由主要负责人、分管负责人、部门负责人等相关人员组成的安全生产委员会或安全生产领导小组,并以正式文件发布。

(2)勘察、设计单位应明确安全生产管理机构,配备专职或兼职安全生产管理人员,建立健全从管理机构到基层班组的管理网络。

(3)勘察、设计单位应建立健全安全生产责任制,明确各级单位、部门及人员的安全生产职责、权限和考核奖惩等内容。

（4）勘察、设计单位应根据实际制定单位的生产安全总体目标和年度目标，正式发文公布，并定期监督考核；勘察、设计项目组应制定项目的安全生产目标，并在适当的时机进行检查、考核。

（5）勘察、设计单位主要负责人应与所属部门和单位负责人、各部门和单位负责人应与项目负责人（设总）、项目负责人（设总）应与项目参加人员逐级签订安全生产目标责任书。

（6）勘察、设计单位应建立健全符合相关法律法规、标准规范要求的各项安全生产规章制度，并发布实施。规章制度内容应包括但不限于：①安全生产目标管理；②安全生产责任制；③安全生产考核奖惩管理；④安全生产信息化管理；⑤法律法规标准规范管理；⑥教育培训；⑦危险源辨识、风险评价与管控；⑧隐患排查治理；⑨应急管理；⑩事故管理。

## 6.3.2　勘察设计文件

（1）初步设计报告和施工图设计文件中应设置安全专篇，对工程中可能存在的危害劳动安全与工业卫生的因素和危害程度进行分析，提出工程在劳动安全与工业卫生方面的要求和设计原则，确定劳动安全与工业卫生的各类保护措施、设施、管理机构和管理措施。

（2）考虑施工安全操作和防护的需要，在设计文件中应注明涉及施工安全的重点部位和环节，并对防范安全生产事故提出指导意见和建议。

（3）采用新结构、新材料、新工艺和特殊结构的，应在设计中提出保障施工作业人员安全和预防生产安全事故的措施建议。

（4）在编制工程概算时，设计单位应按有关规定计列建设工程安全作业环境及安全施工措施所需费用。

## 6.3.3　勘察设计服务

（1）设计交底须包含安全交底的内容，特别是危险性较大的分部分项工程设计要求、危险源尤其是重大危险源的控制措施要求。

（2）有度汛要求的在建工程，设计单位在汛前须提出工程度汛标准、工程形象面貌和度汛要求。

（3）对可能引起较大安全风险的设计变更，设计单位须提出安全评价意见和风险管控措施。

（4）设计人员应按规定参加超过一定规模的危险性较大的分部分项工程专项施工方案审查论证会。

（5）设计单位项目组分管总工或项目负责人（设总）、专业负责人应参加生产安全事故调查和分析，并对因设计原因造成的安全事故，提出与设计工作相关的技术处理措施。

（6）勘察、设计单位应及时对各种监督、检查、巡查和稽查中发现的因勘察、设计原因造成的安全问题进行整改。

### 6.3.4　内部安全管理

（1）勘察、设计单位应明确安全教育培训职能部门，建立教育培训管理制度，按规定及岗位需要，定期识别安全教育培训需求，制定、实施安全教育培训计划，提供相应的资源保证。

（2）勘察、设计单位应对从业人员（包括临时聘用人员）进行安全教育和生产技能培训，使其熟悉有关的安全生产规章制度和安全操作规程，并确认其能力符合岗位要求。未经安全教育培训，或培训考核不合格的从业人员，不得上岗作业。

（3）勘察、设计单位应做好安全教育培训记录，建立安全教育培训档案，并对培训效果进行评估和改进。

（4）勘察、设计单位应定期开展本单位安全生产法律、法规、标准、规范和安全生产规章制度执行情况的检查和评估。

（5）勘察、设计单位应结合工程实际和管理特点，全面开展危险源辨识和风险评价工作。

（6）勘察、设计单位应制定勘察、测量、查勘、设代等野外作业生产安全事故应急救援预案，并开展演练。

# 附　录

## 附录 A　水利水电工程勘测设计标准规范有效版本清单

本指南摘录了水利水电工程勘测设计适用的标准规范有效版本清单，详见附表 A.1，如果收录的标准规范进行了更新，本清单应相应更新。

附表 A.1　水利水电工程勘测设计标准规范有效版本清单

| 序号 | 标准编号 | 标准名称 | 实施日期 | 备注 |
|------|----------|----------|----------|------|
| | | 1　通用 | | |
| 1 | SL/T 617—2021 | 水利水电工程项目建议书编制规程 | 2021 年 11 月 6 日 | 水利现行 |
| 2 | SL/T 618—2021 | 水利水电工程可行性研究报告编制规程 | 2021 年 11 月 6 日 | 水利现行 |

续表

| 序号 | 标准编号 | 标准名称 | 实施日期 | 备注 |
|---|---|---|---|---|
| 3 | SL/T 619—2021 | 水利水电工程初步设计报告编制规程 | 2021 年 11 月 6 日 | 水利现行 |
| 4 | T/CWHIDA 0001—2017 | 水利水电工程设计质量评定标准 | 2017 年 4 月 20 日 | 水利水电现行 |
| 5 | SL 481—2011 | 水利水电工程招标文件编制规程 | 2011 年 6 月 8 日 | 水利现行 |
| 6 | SL 560—2012 | 灌溉排水工程项目可行性研究报告编制规程 | 2013 年 1 月 8 日 | 水利现行 |
| 7 | SL/T 533—2021 | 灌溉排水工程项目初步设计报告编制规程 | 2021 年 11 月 6 日 | 水利现行 |
| 8 | SL 504—2011 | 水文设施工程项目建议书编制规程 | 2011 年 4 月 25 日 | 水利现行 |
| 9 | SL 505—2011 | 水文设施工程可行性研究报告编制规程 | 2011 年 4 月 25 日 | 水利现行 |
| 10 | SL 506—2011 | 水文设施工程初步设计报告编制规程 | 2011 年 4 月 25 日 | 水利现行 |
| 11 | GB 50201—2014 | 防洪标准 | 2015 年 5 月 1 日 | 水利水电现行 |
| 12 | SL 252—2017 | 水利水电工程等级划分及洪水标准 | 2017 年 4 月 9 日 | 水利现行 |
| 13 | SL 430—2008 | 调水工程设计导则 | 2008 年 10 月 22 日 | 水利现行 |
| 14 | GB/T 50649—2011 | 水利水电工程节能设计规范 | 2011 年 12 月 1 日 | 水利水电现行 |
| 15 | SL 26—2012 | 水利水电工程技术术语 | 2012 年 4 月 20 日 | 水利现行 |
| 16 | SL 73.1—2013 | 水利水电工程制图标准　基础制图 | 2013 年 4 月 14 日 | 水利现行 |
| 17 | SL/T 772—2020 | 水利行业反恐怖防范要求 | 2020 年 9 月 5 日 | 水利现行 |
| | | 2　水文水资源 | | |
| | | 2.1　水文、泥沙 | | |
| 18 | SL 34—2013 | 水文站网规划技术导则 | 2013 年 5 月 18 日 | 水利现行 |

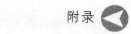

续表

| 序号 | 标准编号 | 标准名称 | 实施日期 | 备注 |
|---|---|---|---|---|
| 19 | SL/T 278—2020 | 水利水电工程水文计算规范 | 2020 年 10 月 24 日 | 水利现行 |
| 20 | SL 44—2006 | 水利水电工程设计洪水计算规范 | 2006 年 10 月 1 日 | 水利现行 |
| 21 | SL 483—2017 | 洪水风险图编制导则 | 2017 年 5 月 28 日 | 水利现行 |
| 22 | SL/T 324—2019 | 水文数据库表结构及标识符 | 2020 年 3 月 19 日 | 水利现行 |
| 23 | SL/T 784—2019 | 水文应急监测技术导则 | 2019 年 12 月 30 日 | 水利现行 |
| 24 | SL 566—2012 | 水利水电工程水文自动测报系统设计规范 | 2012 年 12 月 19 日 | 水利现行 |
| 25 | SL 61—2015 | 水情预警信号 | 2015 年 6 月 5 日 | 水利现行 |
| 26 | SL 758—2018 | 工程泥沙设计标准 | 2018 年 9 月 1 日 | 水利水电现行 |
| 27 | GB/T 51280—2018 | 凌汛计算规范 | 2018 年 9 月 1 日 | 水利水电现行 |
| 28 | SL 428—2008 | 水文缆道测验规范 | 2008 年 10 月 22 日 | 水利水电现行 |
| 29 | SL 622—2014 | 水文缆道设计规范 | 2014 年 12 月 10 日 | 水利现行 |
| | | 2.2　水资源 | | |
| 30 | GB/T 51051—2014 | 水资源规划规范 | 2015 年 8 月 1 日 | 水利水电现行 |
| 31 | GB/T 28284—2012 | 节水型社会评价指标体系和评价方法 | 2012 年 8 月 1 日 | 水利水电现行 |
| 32 | GB/T 25173—2010 | 水域纳污能力计算规程 | 2011 年 1 月 1 日 | 水利水电现行 |
| 33 | SL/T 238—1999 | 水资源评价导则 | 1999 年 5 月 15 日 | 水利水电现行 |
| 34 | GB/T 35580—2017 | 建设项目水资源论证导则 | 2018 年 4 月 1 日 | 水利水电现行 |
| 35 | SL 627—2014 | 城市供水水源规划导则 | 2014 年 4 月 20 日 | 水利现行 |

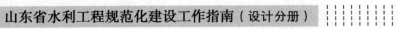

续表

| 序号 | 标准编号 | 标准名称 | 实施日期 | 备注 |
|---|---|---|---|---|
| 36 | SL 368—2006 | 再生水水质标准 | 2007 年 6 月 1 日 | 水利现行 |
| 37 | SL 525—2011 | 水利水电建设项目水资源论证导则 | 2011 年 5 月 17 日 | 水利现行 |
| 38 | SL/T 769—2020 | 农田灌溉建设项目水资源论证导则 | 2020 年 8 月 15 日 | 水利现行 |
| 39 | SL 747—2016 | 采矿业建设项目水资源论证导则 | 2017 年 2 月 25 日 | 水利现行 |
| 40 | SL 763—2018 | 火电建设项目水资源论证导则 | 2018 年 6 月 20 日 | 水利现行 |
| 41 | SL/T 777—2019 | 滨海核电建设项目水资源论证导则 | 2019 年 8 月 31 日 | 水利现行 |
| 42 | SL/T 793—2020 | 河湖健康评估技术导则 | 2020 年 9 月 5 日 | 水利现行 |
| 43 | SL/T 712—2021 | 河湖生态环境需水计算规范 | 2021 年 10 月 1 日 | 水利现行 |
| 44 | SL/T 800—2020 | 河湖生态系统保护与修复工程技术导则 | 2020 年 12 月 25 日 | 水利现行 |
| 45 | SL/Z 738—2016 | 水生态文明城市建设评价导则 | 2016 年 7 月 11 日 | |
| | | 3 规划与经济评价 | | |
| | | 3.1 规划 | | |
| 46 | SL 201—2015 | 江河流域规划编制规程 | 2015 年 4 月 5 日 | 水利现行 |
| 47 | SL 613—2013 | 水资源保护规划编制规程 | 2013 年 11 月 8 日 | 水利现行 |
| 48 | SL 669—2014 | 防洪规划编制规程 | 2014 年 10 月 3 日 | 水利现行 |
| 49 | SL/Z 727—2015 | 流域综合规划后评价报告编制导则 | 2016 年 2 月 18 日 | 水利现行 |
| 50 | SL 709—2015 | 河湖生态保护与修复规划导则 | 2015 年 9 月 2 日 | 水利现行 |
| 51 | T/CWHIDA 0003—2018 | 生态文明建设水治理规划编制导则（试行） | 2019 年 2 月 12 日 | 水利水电现行 |

续表

| 序号 | 标准编号 | 标准名称 | 实施日期 | 备注 |
|---|---|---|---|---|
| 52 | T/CWHIDA 0011—2020 | 水美城市建设规划编制导则 | 2020 年 10 月 21 日 | 水利水电现行 |
| 53 | SL 760—2018 | 城镇再生水利用规划编制指南 | 2018 年 9 月 1 日 | 水利现行 |
| 54 | SL 310—2019 | 村镇供水工程技术规范 | 2019 年 12 月 30 日 | 水利现行 |
| 55 | SL 462—2012 | 农田水利规划导则 | 2012 年 6 月 22 日 | 水利现行 |
| 56 | SL/T 778—2019 | 山洪沟防洪治理工程技术规范 | 2019 年 8 月 31 日 | 水利现行 |
| 57 | SL 723—2016 | 治涝标准 | 2016 年 4 月 15 日 | 水利现行 |
| 58 | SL 424—2008 | 旱情等级标准 | 2009 年 3 月 29 日 | 水利现行 |
| 59 | GB/T 50509—2009 | 灌区规划规范 | 2009 年 12 月 1 日 | 水利水电现行 |
| 60 | SL 596—2012 | 洪水调度方案编制导则 | 2012 年 12 月 19 日 | 水利现行 |
| 61 | SL/T 318—2020 | 水利血防技术规范 | 2021 年 3 月 15 日 | 水利现行 |
| 62 | SL 104—2015 | 水利工程水利计算规范 | 2015 年 8 月 21 日 | 水利现行 |
| 63 | GB/T 50587—2010 | 水库调度设计规范 | 2010 年 12 月 1 日 | 水利水电现行 |
| 64 | SL 706—2015 | 水库调度规程编制导则 | 2015 年 6 月 24 日 | 水利现行 |
| 65 | SL 221—2019 | 中小河流水能开发规划编制规程 | 2019 年 5 月 11 日 | 水利现行 |
| 66 | GB/T 51372—2019 | 小型水电站水能设计标准 | 2019 年 10 月 1 日 | 水利水电现行 |
| 67 | SL/T 752—2020 | 绿色小水电评价标准 | 2021 年 2 月 28 日 | 水利现行 |
| | | 3.2　经济评价 | | |
| 68 | SL 72—2013 | 水利建设项目经济评价规范 | 2014 年 2 月 25 日 | 水利现行 |

续表

| 序号 | 标准编号 | 标准名称 | 实施日期 | 备注 |
|---|---|---|---|---|
| 69 | SL/T 16—2019 | 小水电建设项目经济评价规程 | 2019 年 12 月 9 日 | 水利现行 |
| | | **4　勘测** | | |
| | | **4.1　通用** | | |
| 70 | GB/T 50218—2014 | 工程岩体分级标准 | 2015 年 5 月 1 日 | 水利水电现行 |
| 71 | GB/T 50145—2007 | 土的工程分类标准 | 2008 年 6 月 1 日 | 水利水电现行 |
| 72 | GB/T 50279—2014 | 岩土工程基本术语标准 | 2015 年 8 月 1 日 | 水利水电现行 |
| 73 | SL 567—2012 | 水利水电工程地质勘察资料整编规程 | 2012 年 12 月 10 日 | 水利现行 |
| 74 | SL 73.3—2013 | 水利水电工程制图标准　勘测图 | 2013 年 4 月 14 日 | 水利现行 |
| | | **4.2　工程地质** | | |
| 75 | GB 50487—2008 | 水利水电工程地质勘察规范 | 2009 年 8 月 1 日 | 水利水电现行 |
| 76 | GB 50287—2016 | 水力发电工程地质勘察规范 | 2017 年 4 月 1 日 | 水利水电现行 |
| 77 | SL 652—2014 | 水库枢纽工程地质勘察规范 | 2015 年 2 月 25 日 | 水利现行 |
| 78 | SL 188—2005 | 堤防工程地质勘察规程 | 2005 年 7 月 1 日 | 水利现行 |
| 79 | SL 629—2014 | 引调水线路工程地质勘察规范 | 2014 年 7 月 15 日 | 水利现行 |
| 80 | SL 704—2015 | 水闸与泵站工程地质勘察规范 | 2015 年 4 月 30 日 | 水利现行 |
| 81 | SL 251—2015 | 水利水电工程天然建筑材料勘察规程 | 2015 年 6 月 5 日 | 水利现行 |
| 82 | SL/T 313—2021 | 水利水电工程施工地质规程 | 2021 年 10 月 1 日 | 水利现行 |
| 83 | SL 245—2013 | 水利水电工程地质观测规程 | 2013 年 4 月 29 日 | 水利现行 |

续表

| 序号 | 标准编号 | 标准名称 | 实施日期 | 备注 |
|---|---|---|---|---|
| 84 | SL/T 299—2020 | 水利水电工程地质测绘规程 | 2021 年 2 月 28 日 | 水利现行 |
| 85 | SL 55—2005 | 中小型水利水电工程地质勘察规范 | 2005 年 7 月 1 日 | 水利现行 |
| | | 4.3 水文地质 | | |
| 86 | SL 454—2010 | 地下水资源勘察规范 | 2010 年 6 月 1 日 | 水利现行 |
| | | 4.4 勘探 | | |
| 87 | SL/T 291—2020 | 水利水电工程钻探规程 | 2021 年 2 月 28 日 | 水利现行 |
| 88 | SL 166—2010 | 水利水电工程坑探规程 | 2011 年 1 月 11 日 | 水利现行 |
| | | 4.5 岩土试验 | | |
| 89 | GB/T 50266—2013 | 工程岩体试验方法标准 | 2013 年 9 月 1 日 | 水利水电现行 |
| 90 | SL/T 264—2020 | 水利水电工程岩石试验规程 | 2020 年 7 月 15 日 | 水利现行 |
| 91 | GB/T 50123—2019 | 土工试验方法标准 | 2019 年 10 月 1 日 | 水利水电现行 |
| 92 | GB/T 37367—2019 | 岩土工程仪器 位移计 | 2019 年 12 月 1 日 | 水利水电现行 |
| 93 | SL 31—2003 | 水利水电工程钻孔压水试验规程 | 2003 年 10 月 1 日 | 水利现行 |
| 94 | SL 320—2005 | 水利水电工程钻孔抽水试验规程 | 2005 年 7 月 1 日 | 水利现行 |
| 95 | SL 345—2007 | 水利水电工程注水试验规程 | 2008 年 2 月 26 日 | 水利现行 |
| | | 4.6 测量 | | |
| 96 | SL 197—2013 | 水利水电工程测量规范 | 2013 年 12 月 17 日 | 水利现行 |
| 97 | SL 52—2015 | 水利水电工程施工测量规范 | 2015 年 8 月 15 日 | 水利现行 |

续表

| 序号 | 标准编号 | 标准名称 | 实施日期 | 备注 |
|------|----------|----------|----------|------|
| | | 5 水工 | | |
| | | 5.1 通用 | | |
| 98 | GB 50199—2013 | 水利水电工程结构可靠性设计统一标准 | 2014 年 5 月 1 日 | 水利水电现行 |
| 99 | SL 654—2014 | 水利水电工程合理使用年限及耐久性设计规范 | 2014 年 4 月 26 日 | 水利现行 |
| 100 | SL 744—2016 | 水工建筑物荷载设计规范 | 2017 年 2 月 25 日 | 水利现行 |
| 101 | GB/T 51394—2020 | 水工建筑物荷载标准 | 2020 年 10 月 1 日 | 水利水电现行 |
| 102 | SL 191—2008 | 水工混凝土结构设计规范 | 2009 年 2 月 10 日 | 水利现行 |
| 103 | GB 51247—2018 | 水工建筑物抗震设计标准 | 2018 年 11 月 1 日 | 水利水电现行 |
| 104 | SL 203—97 | 水工建筑物抗震设计规范 | 1997 年 10 月 1 日 | 水利现行 |
| 105 | SL/T 792—2020 | 水工建筑物地基处理设计规范 | 2020 年 8 月 15 日 | 水利现行 |
| 106 | GB/T 50662—2011 | 水工建筑物抗冰冻设计规范 | 2012 年 3 月 1 日 | 水利水电现行 |
| 107 | SL 775—2018 | 水工混凝土结构耐久性评定规范 | 2019 年 3 月 5 日 | 水利现行 |
| 108 | SL/T 789—2019 | 水利安全生产标准化通用规范 | 2020 年 2 月 13 日 | 水利现行 |
| 109 | SL 285—2020 | 水利水电工程进水口设计规范 | 2021 年 2 月 28 日 | 水利现行 |
| 110 | SL 386—2007 | 水利水电工程边坡设计规范 | 2007 年 10 月 14 日 | 水利现行 |
| 111 | SL 379—2007 | 水工挡土墙设计规范 | 2007 年 8 月 11 日 | 水利现行 |
| 112 | SL/T 212—2020 | 水工预应力锚固技术规范 | 2020 年 9 月 5 日 | 水利现行 |
| 113 | SL 702—2015 | 预应力钢筒混凝土管道技术规范 | 2015 年 5 月 9 日 | 水利现行 |

续表

| 序号 | 标准编号 | 标准名称 | 实施日期 | 备注 |
|---|---|---|---|---|
| 114 | T/CWHIDA 0002—2018 | 水利水电工程球墨铸铁管道技术导则 | 2018 年 12 月 10 日 | 水利水电现行 |
| 115 | GB/T 50290—2014 | 土工合成材料应用技术规范 | 2015 年 8 月 1 日 | 水利水电现行 |
| 116 | SL 73.2—2013 | 水利水电工程制图标准 水工建筑图 | 2013 年 4 月 14 日 | 水利现行 |
| 117 | SL 713—2015 | 水工混凝土结构缺陷检测技术规程 | 2015 年 8 月 4 日 | 水利现行 |
| | | 5.2 闸坝 | | |
| 118 | SL 319—2018 | 混凝土重力坝设计规范 | 2018 年 10 月 17 日 | 水利现行 |
| 119 | SL 314—2018 | 碾压混凝土坝设计规范 | 2018 年 10 月 17 日 | 水利现行 |
| 120 | SL 282—2018 | 混凝土拱坝设计规范 | 2018 年 10 月 17 日 | 水利现行 |
| 121 | SL 274—2020 | 碾压式土石坝设计规范 | 2021 年 2 月 28 日 | 水利现行 |
| 122 | SL 228—2013 | 混凝土面板堆石坝设计规范 | 2013 年 4 月 22 日 | 水利现行 |
| 123 | SL 501—2010 | 土石坝沥青混凝土面板和心墙设计规范 | 2010 年 12 月 17 日 | 水利现行 |
| 124 | SL 25—2006 | 砌石坝设计规范 | 2006 年 6 月 1 日 | 水利现行 |
| 125 | SL 678—2014 | 胶结颗粒料筑坝技术导则 | 2014 年 6 月 28 日 | 水利现行 |
| 126 | SL 253—2018 | 溢洪道设计规范 | 2018 年 10 月 17 日 | 水利现行 |
| 127 | SL 279—2016 | 水工隧洞设计规范 | 2016 年 7 月 26 日 | 水利现行 |
| 128 | SL 265—2016 | 水闸设计规范 | 2017 年 2 月 28 日 | 水利现行 |
| 129 | SL/T 269—2019 | 水利水电工程沉沙池设计规范 | 2019 年 12 月 30 日 | 水利现行 |
| 130 | GB/T 50979—2014 | 橡胶坝工程技术规范 | 2014 年 8 月 1 日 | 水利水电现行 |

续表

| 序号 | 标准编号 | 标准名称 | 实施日期 | 备注 |
|------|----------|----------|----------|------|
| 131 | SL 189—2013 | 小型水利水电工程碾压式土石坝设计规范 | 2014 年 3 月 11 日 | 水利现行 |
| 132 | T/CWHIDA 0008—2020 | 水下岩塞爆破设计导则 | 2020 年 6 月 27 日 | 水利水电现行 |
| | | 5.3　堤防 | | |
| 133 | GB 50286—2013 | 堤防工程设计规范 | 2013 年 5 月 1 日 | 水利水电现行 |
| 134 | GB/T 50805—2012 | 城市防洪工程设计规范 | 2012 年 12 月 1 日 | 水利水电现行 |
| 135 | GB/T 51015—2014 | 海堤工程设计规范 | 2015 年 5 月 1 日 | 水利水电现行 |
| 136 | GB 50707—2011 | 河道整治设计规范 | 2012 年 6 月 1 日 | 水利水电现行 |
| | | 5.4　灌溉、排水 | | |
| 137 | GB 50288—2018 | 灌溉与排水工程设计标准 | 2018 年 11 月 1 日 | 水利水电现行 |
| 138 | SL/T 4—2020 | 农田排水工程技术规范 | 2020 年 9 月 30 日 | 水利现行 |
| 139 | GB/T 50363—2018 | 节水灌溉工程技术标准 | 2018 年 11 月 1 日 | 水利水电现行 |
| 140 | GB/T 50769—2012 | 节水灌溉工程验收规范 | 2012 年 10 月 1 日 | 水利水电现行 |
| 141 | SL 280—2019 | 大中型喷灌机应用技术规范 | 2019 年 5 月 11 日 | 水利现行 |
| | | 5.5　泵站 | | |
| 142 | GB 50265—2022 | 泵站设计标准 | 2022 年 12 月 1 日 | 水利水电现行 |
| 143 | SL 584—2012 | 潜水泵站技术规范 | 2012 年 11 月 6 日 | 水利现行 |
| | | 5.6　试验与检测 | | |
| 144 | SL 99—2012 | 河工模型试验规程 | 2012 年 12 月 28 日 | 水利现行 |

续表

| 序号 | 标准编号 | 标准名称 | 实施日期 | 备注 |
|---|---|---|---|---|
| 145 | SL 155—2012 | 水工（常规）模型试验规程 | 2012 年 10 月 13 日 | 水利现行 |
| 146 | SL 156—2010 | 水流空化模型试验规程 | 2011 年 1 月 11 日 | 水利现行 |
| 147 | SL 157—2010 | 掺气减蚀模型试验规程 | 2011 年 1 月 11 日 | 水利现行 |
| 148 | SL/T 158—2020 | 水工建筑物水流脉动压力和流激振动模型试验规程 | 2021 年 3 月 15 日 | 水利现行 |
| 149 | SL 160—2012 | 冷却水工程水力、热力模型试验规程 | 2012 年 10 月 13 日 | 水利现行 |
| 150 | SL 159—2012 | 闸门水力模型试验规程 | 2012 年 11 月 6 日 | 水利现行 |
| 151 | SL 161.1—2013 | 坝区航道水力模型试验技术规程 | 2013 年 12 月 17 日 | 水利现行 |
| 152 | SL/T 163—2019 | 水利水电工程施工导流和截流模型试验规程 | 2020 年 2 月 13 日 | 水利现行 |
| 153 | SL/T 164—2019 | 溃坝洪水模拟技术规程 | 2020 年 2 月 13 日 | 水利现行 |
| 154 | SL/T 165—2019 | 滑坡涌浪模拟技术规程 | 2020 年 2 月 6 日 | 水利现行 |
| 155 | SL/T 352—2020 | 水工混凝土试验规程 | 2021 年 2 月 28 日 | 水利现行 |
| 156 | SL 548—2012 | 泵站现场测试与安全检测规程 | 2012 年 7 月 23 日 | 水利现行 |
| 157 | SL 235—2012 | 土工合成材料测试规程 | 2012 年 8 月 16 日 | 水利现行 |
| 158 | SL 530—2012 | 大坝安全监测仪器检验测试规程 | 2012 年 8 月 16 日 | 水利现行 |
| 159 | T/CWHIDA 0010—2020 | 水利水电工程水泥灌浆施工技术规范 | 2020 年 8 月 20 日 | 水利水电现行 |
| 160 | SL/T 62—2020 | 水工建筑物水泥灌浆施工技术规范 | 2021 年 2 月 28 日 | 水利现行 |
| 161 | SL 616—2013 | 水利水电工程水力学原型观测规范 | 2014 年 1 月 16 日 | 水利现行 |
| 162 | SL 257—2017 | 水道观测规范 | 2017 年 7 月 6 日 | 水利现行 |

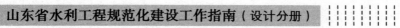

续表

| 序号 | 标准编号 | 标准名称 | 实施日期 | 备注 |
|---|---|---|---|---|
| 163 | SL 734—2016 | 水利工程质量检测技术规程 | 2016 年 9 月 7 日 | 水利现行 |
| | | 5.7 安全监测 | | |
| 164 | SL 725—2016 | 水利水电工程安全监测设计规范 | 2016 年 8 月 23 日 | 水利现行 |
| 165 | SL/Z 720—2015 | 水库大坝安全管理应急预案编制导则 | 2015 年 12 月 22 日 | 水利现行 |
| 166 | SL 601—2013 | 混凝土坝安全监测技术规范 | 2013 年 6 月 15 日 | 水利现行 |
| 167 | GB/T 51416—2020 | 混凝土坝安全监测技术标准 | 2020 年 10 月 1 日 | 水利水电现行 |
| 168 | SL 551—2012 | 土石坝安全监测技术规范 | 2012 年 6 月 28 日 | 水利现行 |
| 169 | SL 768—2018 | 水闸安全监测技术规范 | 2019 年 3 月 5 日 | 水利现行 |
| 170 | SL 764—2018 | 水工隧洞安全监测技术规范 | 2019 年 3 月 5 日 | 水利现行 |
| 171 | SL/T 790—2020 | 水工隧洞安全鉴定规程 | 2020 年 9 月 30 日 | 水利现行 |
| 172 | SL 486—2011 | 水工建筑物强震动安全监测技术规范 | 2011 年 6 月 8 日 | 水利现行 |
| 173 | SL 531—2012 | 大坝安全监测仪器安装标准 | 2012 年 9 月 8 日 | 水利现行 |
| 174 | SL 766—2018 | 大坝安全监测系统鉴定技术标准 | 2019 年 3 月 5 日 | 水利现行 |
| 175 | SL/T 794—2020 | 堤防工程安全监测技术规程 | 2020 年 7 月 15 日 | 水利现行 |
| 176 | SL 516—2013 | 水库诱发地震监测技术规范 | 2013 年 12 月 17 日 | 水利现行 |
| | | 6 机电与金属结构 | | |
| | | 6.1 通用 | | |
| 177 | SL 511—2011 | 水利水电工程机电设计技术规范 | 2011 年 11 月 25 日 | 水利现行 |

续表

| 序号 | 标准编号 | 标准名称 | 实施日期 | 备注 |
|---|---|---|---|---|
| 178 | SL 73.4—2013 | 水利水电工程制图标准　水力机械图 | 2013 年 4 月 14 日 | 水利现行 |
| 179 | SL 73.5—2013 | 水利水电工程制图标准　电气图 | 2013 年 4 月 14 日 | 水利现行 |
| | | 6.2　水力机械 | | |
| 180 | SL 140—2006 | 水泵模型及装置模型验收试验规程 | 2007 年 5 月 2 日 | 水利现行 |
| 181 | SL 141—2006 | 水泵模型泽水验收试验规程 | 2006 年 5 月 1 日 | 水利现行 |
| 182 | SL 402—2007 | 轴流泵装置水力模型系列及基本参数 | 2008 年 2 月 26 日 | 水利现行 |
| 183 | SL 625—2013 | 水泵液压调节系统基本技术条件 | 2014 年 1 月 14 日 | 水利现行 |
| 184 | SL 656—2014 | 泵站拍门技术导则 | 2015 年 2 月 5 日 | 水利现行 |
| | | 6.3　输变电（电工一次） | | |
| 185 | SL 311—2004 | 水利水电工程高压配电装置设计规范 | 2005 年 2 月 1 日 | 水利现行 |
| 186 | SL 485—2010 | 水利水电工程厂（站）用电系统设计规范 | 2011 年 1 月 11 日 | 水利现行 |
| 187 | SL 641—2014 | 水利水电工程照明系统设计规范 | 2014 年 6 月 19 日 | 水利现行 |
| | | 6.4　自动控制（电工二次） | | |
| 188 | SL 455—2010 | 水利水电工程继电保护设计规范 | 2010 年 6 月 1 日 | 水利现行 |
| 189 | SL 456—2010 | 水利水电工程电气测量设计规范 | 2010 年 6 月 1 日 | 水利现行 |
| 190 | SL 438—2008 | 水利水电工程二次接线设计规范 | 2009 年 3 月 16 日 | 水利现行 |
| 191 | GB/T 30948—2021 | 泵站技术管理规程 | 2022 年 6 月 1 日 | 水利水电现行 |
| 192 | SL 517—2013 | 水利水电工程通信设计规范 | 2013 年 11 月 8 日 | 水利现行 |

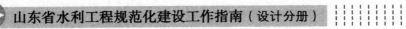

续表

| 序号 | 标准编号 | 标准名称 | 实施日期 | 备注 |
|---|---|---|---|---|
| 193 | SL 612—2013 | 水利水电工程自动化设计规范 | 2013 年 11 月 26 日 | 水利现行 |
| 194 | SL 587—2012 | 水利水电工程接地设计规范 | 2012 年 12 月 19 日 | 水利现行 |
| 195 | SL 585—2012 | 水利水电工程三相交流系统短路电流计算导则 | 2012 年 12 月 19 日 | 水利现行 |
| 196 | SL 561—2012 | 水利水电工程导体和电器选择设计规范 | 2012 年 10 月 31 日 | 水利现行 |
| | | **6.5 金属结构** | | |
| 197 | SL 74—2019 | 水利水电工程钢闸门设计规范 | 2020 年 3 月 19 日 | 水利现行 |
| 198 | GB/T 14173—2008 | 水利水电工程钢闸门制造、安装及验收规范 | 2009 年 1 月 1 日 | 水利水电现行 |
| 199 | SL 101—2014 | 水工钢闸门和启闭机安全检测技术规程 | 2014 年 7 月 22 日 | 水利现行 |
| 200 | SL 41—2018 | 水利水电工程启闭机设计规范 | 2019 年 1 月 23 日 | 水利现行 |
| 201 | SL 375—2017 | 水利水电工程建设用缆索起重机技术条件 | 2017 年 6 月 24 日 | 水利水电现行 |
| 202 | SL/T 781—2020 | 水利水电工程过电压保护及绝缘配合设计规范 | 2020 年 7 月 15 日 | 水利现行 |
| 203 | SL/T 281—2020 | 水利水电工程压力钢管设计规范 | 2021 年 2 月 28 日 | 水利现行 |
| 204 | GB 50766—2012 | 水电水利工程压力钢管制作安装及验收规范 | 2012 年 12 月 1 日 | 水利水电现行 |
| 205 | GB 51177—2016 | 升船机设计规范 | 2017 年 4 月 1 日 | 水利水电现行 |
| 206 | SL 660—2013 | 升船机设计规范 | 2013 年 5 月 5 日 | 水利现行 |
| 207 | SL/T 722—2020 | 水工钢闸门和启闭机安全运行规程 | 2020 年 7 月 15 日 | 水利现行 |
| 208 | SL 36—2016 | 水工金属结构焊接通用技术条件 | 2016 年 10 月 20 日 | 水利现行 |
| 209 | SL 749—2017 | 水工金属结构时效及效果评定 | 2017 年 9 月 5 日 | 水利现行 |

续表

| 序号 | 标准编号 | 标准名称 | 实施日期 | 备注 |
|---|---|---|---|---|
| 210 | SL 751—2017 | 水工金属结构声发射检测技术规程 | 2017 年 9 月 5 日 | 水利现行 |
| 211 | SL 753—2017 | 水力自控翻板闸门技术规范 | 2017 年 9 月 5 日 | 水利现行 |
| | | 7 信息化 | | |
| 212 | SL/T 213—2020 | 水利对象分类与编码总则 | 2020 年 10 月 27 日 | 水利现行 |
| 213 | SL/T 799—2020 | 水利数据目录服务规范 | 2020 年 10 月 27 日 | 水利现行 |
| 214 | SL/T 783—2019 | 水利数据交换规约 | 2019 年 12 月 9 日 | 水利现行 |
| 215 | SL/T 801—2020 | 水利一张图空间信息服务规范 | 2020 年 10 月 27 日 | 水利现行 |
| 216 | SL/T 797—2020 | 水利空间数据交换协议 | 2020 年 10 月 24 日 | 水利现行 |
| 217 | SL/T 798—2020 | 水利信息产品服务总则 | 2020 年 10 月 24 日 | 水利现行 |
| 218 | SL/T 292—2020 | 水利系统通信业务技术导则 | 2020 年 9 月 5 日 | 水利现行 |
| 219 | T/CWHIDA 0005—2019 | 水利水电工程信息模型设计应用标准 | 2019 年 8 月 20 日 | 水利水电现行 |
| 220 | T/CWHIDA 0006—2019 | 水利水电工程设计信息模型交付标准 | 2020 年 1 月 20 日 | 水利水电现行 |
| 221 | T/CWHIDA 0007—2020 | 水利水电工程信息模型分类和编码标准 | 2020 年 4 月 6 日 | 水利水电现行 |
| 222 | T/CWHIDA 0009—2020 | 水利水电工程信息模型存储标准 | 2020 年 7 月 30 日 | 水利水电现行 |
| | | 8 施工组织 | | |
| | | 8.1 通用 | | |
| 223 | SL 303—2017 | 水利水电工程施工组织设计规范 | 2017 年 12 月 8 日 | 水利现行 |
| 224 | SL 757—2017 | 水工混凝土施工组织设计规范 | 2018 年 3 月 1 日 | 水利现行 |

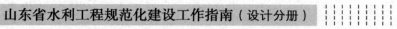

续表

| 序号 | 标准编号 | 标准名称 | 实施日期 | 备注 |
|---|---|---|---|---|
| 225 | SL 648—2013 | 土石坝施工组织设计规范 | 2014 年 2 月 20 日 | 水利现行 |
| 226 | SL 642—2013 | 水利水电地下工程施工组织设计规范 | 2013 年 12 月 17 日 | 水利现行 |
| | | 8.2 导流 | | |
| 227 | SL 623—2013 | 水利水电工程施工导流设计规范 | 2014 年 3 月 5 日 | 水利现行 |
| 228 | SL 645—2013 | 水利水电工程围堰设计规范 | 2013 年 12 月 17 日 | 水利现行 |
| | | 9 征地移民 | | |
| 229 | SL 441—2009 | 水利水电工程建设征地移民安置规划大纲编制导则 | 2009 年 10 月 31 日 | 水利现行 |
| 230 | SL 290—2009 | 水利水电工程建设征地移民安置规划设计规范 | 2009 年 10 月 31 日 | 水利现行 |
| 231 | T/CWHIDA 0004—2019 | 水利水电工程建设征地移民安置规划设计空间信息分类及表达标准 | 2019 年 7 月 10 日 | 水利水电现行 |
| 232 | SL 440—2009 | 水利水电工程建设农村移民安置规划设计规范 | 2009 年 10 月 31 日 | 水利现行 |
| 233 | SL 442—2009 | 水利水电工程建设征地移民实物调查规范 | 2009 年 10 月 31 日 | 水利现行 |
| 234 | SL 644—2014 | 水利水电工程水库底清理设计规范 | 2014 年 10 月 28 日 | 水利现行 |
| 235 | SL 716—2015 | 水利水电工程移民安置监督评估规程 | 2015 年 8 月 4 日 | 水利现行 |
| 236 | SL 728—2015 | 大中型水库移民后期扶持规划编制规程 | 2016 年 2 月 24 日 | 水利现行 |
| 237 | SL/T 779—2019 | 大中型水库移民后期扶持监测评估导则 | 2019 年 12 月 9 日 | 水利现行 |
| | | 10 环境保护 | | |
| 238 | SL 45—2006 | 江河流域规划环境影响评价规范 | 2006 年 12 月 1 日 | 水利现行 |

续表

| 序号 | 标准编号 | 标准名称 | 实施日期 | 备注 |
|---|---|---|---|---|
| 239 | SL 492—2011 | 水利水电工程环境保护设计规范 | 2011 年 4 月 25 日 | 水利现行 |
| 240 | HJ/T 88—2003 | 环境影响评价技术导则 水利水电工程 | 2003 年 7 月 1 日 | 水利现行 |
| 241 | SL 396—2011 | 水利水电工程水质分析规程 | 2011 年 5 月 21 日 | 水利现行 |
| 242 | SL 172—2012 | 小型水电站施工技术规范 | 2012 年 4 月 12 日 | 水利现行 |
| 243 | SL 315—2005 | 农村水电站工程环境影响评价规程 | 2005 年 9 月 1 日 | 水利现行 |
| 244 | T/CWHIDA 0012—2020 | 水库消落区生态保护与综合利用设计导则 | 2020 年 11 月 25 日 | 水利水电现行 |
| 245 | SL/Z 705—2015 | 水利建设项目环境影响后评价导则 | 2015 年 6 月 16 日 | 水利现行 |
| | | **11 水土保持** | | |
| 246 | SL 335—2014 | 水土保持规划编制规范 | 2014 年 8 月 19 日 | 水利现行 |
| 247 | SL 718—2015 | 水土流失危险程度分级标准 | 2015 年 8 月 15 日 | 水利现行 |
| 248 | GB/T 51297—2018 | 水土保持工程调查与勘测标准 | 2019 年 4 月 1 日 | 水利水电现行 |
| 249 | SL 447—2009 | 水土保持工程项目建议书编制规程 | 2009 年 8 月 21 日 | 水利现行 |
| 250 | GB 51018—2014 | 水土保持工程设计规范 | 2015 年 8 月 1 日 | 水利水电现行 |
| 251 | SL 448—2009 | 水土保持工程可行性研究报告编制规程 | 2009 年 8 月 21 日 | 水利现行 |
| 252 | SL 575—2012 | 水利水电工程水土保持技术规范 | 2013 年 1 月 8 日 | 水利现行 |
| 253 | SL 773—2018 | 生产建设项目土壤流失量测算导则 | 2019 年 1 月 23 日 | 水利现行 |
| 254 | SL 449—2009 | 水土保持工程初步设计报告编制规程 | 2009 年 8 月 21 日 | 水利现行 |
| 255 | GB/T 50434—2018 | 生产建设项目水土流失防治标准 | 2019 年 4 月 1 日 | 水利水电现行 |

续表

| 序号 | 标准编号 | 标准名称 | 实施日期 | 备注 |
|---|---|---|---|---|
| 256 | GB 50433—2018 | 生产建设项目水土保持技术标准 | 2019 年 4 月 1 日 | 水利水电现行 |
| 257 | GB/T 51240—2018 | 生产建设项目水土保持监测与评价标准 | 2019 年 4 月 1 日 | 水利水电现行 |
| 258 | SL 592—2012 | 水土保持遥感监测技术规范 | 2012 年 10 月 31 日 | 水利现行 |
| 259 | SL 73.6—2015 | 水利水电工程制图标准　水土保持图 | 2016 年 1 月 28 日 | 水利现行 |
| | | 12　安全与评价 | | |
| | | 12.1　安全设计 | | |
| 260 | GB 50706—2011 | 水利水电工程劳动安全与工业卫生设计规范 | 2012 年 6 月 1 日 | 水利水电现行 |
| 261 | GB 50987—2014 | 水利工程设计防火规范 | 2015 年 8 月 1 日 | 水利水电现行 |
| 262 | SL 714—2015 | 水利水电工程施工安全防护设施技术规范 | 2015 年 8 月 22 日 | 水利现行 |
| 263 | SL 675—2014 | 山洪灾害监测预警系统设计导则 | 2014 年 12 月 10 日 | 水利现行 |
| 264 | SL 762—2018 | 山洪灾害预警设备技术条件 | 2018 年 4 月 25 日 | 水利现行 |
| 265 | SL 767—2018 | 山洪灾害调查与评价技术规范 | 2019 年 3 月 5 日 | 水利现行 |
| 266 | SL 750—2017 | 水旱灾害遥感监测评估技术规范 | 2017 年 4 月 9 日 | 水利现行 |
| 267 | SL 754—2017 | 城市防洪应急预案编制导则 | 2017 年 12 月 8 日 | 水利现行 |
| | | 12.2　安全评价 | | |
| 268 | SL 258—2017 | 水库大坝安全评价导则 | 2017 年 4 月 9 日 | 水利现行 |
| 269 | SL/Z 679—2015 | 堤防工程安全评价导则 | 2015 年 4 月 21 日 | 水利现行 |
| 270 | SL/T 795—2020 | 水利水电建设工程安全生产条件和设施综合分析报告编制导则 | 2020 年 8 月 15 日 | 水利现行 |

续表

| 序号 | 标准编号 | 标准名称 | 实施日期 | 备注 |
|---|---|---|---|---|
| | | **12.3　工程验收及安全鉴定** | | |
| 271 | SL 670—2015 | 水利水电建设工程验收技术鉴定导则 | 2015 年 11 月 11 日 | 水利现行 |
| 272 | SL 316—2015 | 泵站安全鉴定规程 | 2015 年 6 月 9 日 | 水利现行 |
| 273 | SL 214—2015 | 水闸安全评价导则 | 2015 年 4 月 21 日 | 水利现行 |
| 274 | SL 317—2015 | 泵站设备安装及验收规范 | 2015 年 5 月 2 日 | 水利现行 |
| 275 | SL 765—2018 | 水利水电建设工程安全设施验收导则 | 2018 年 6 月 20 日 | 水利现行 |
| | | **12.4　安全管理** | | |
| 276 | SL 721—2015 | 水利水电工程施工安全管理导则 | 2015 年 10 月 31 日 | 水利现行 |
| | | **13　工程管理** | | |
| 277 | SL 106—2017 | 水库工程管理设计规范 | 2017 年 5 月 28 日 | 水利现行 |
| 278 | SL/T 791—2019 | 水库降等与报废评估导则 | 2020 年 3 月 19 日 | 水利现行 |
| 279 | SL/T 171—2020 | 堤防工程管理设计规范 | 2021 年 2 月 2 日 | 水利现行 |
| 280 | GB/T 30948—2021 | 泵站技术管理规程 | 2022 年 6 月 1 日 | 水利水电现行 |
| 281 | SL/T 246—2019 | 灌溉与排水工程技术管理规程 | 2019 年 8 月 31 日 | 水利现行 |
| 282 | SL/T 415—2019 | 水文基础设施及技术装备管理规范 | 2019 年 8 月 31 日 | 水利现行 |
| 283 | SL/T 782—2019 | 水利水电工程安全监测系统运行管理规范 | 2020 年 2 月 6 日 | 水利现行 |

## 附录 B　报告及附图封面格式

本指南提出了项目建议书、可行性研究报告、初步设计报告、施工图设计说明书、设计图纸、工程地质勘察报告及其附件、附图的封面格式，供参考使用。

### B.1　项目建议书封面格式

## ××××××工程
# 项 目 建 议 书


第××卷
第××册


工程规模：
建设性质：


××××××公司（单位名称）


证书级别：
证书编号：


年　　　月

## B.2 可行性研究报告封面格式

×××××××工程

# 可行性研究报告

第××卷

第××册

工程规模：

建设性质：

×××××××公司（单位名称）

证书级别：

证书编号：

年　　月

## B.3 初步设计报告封面格式

# ×××××××工程
# 初步设计报告

第××卷
第××册

工程规模：

建设性质：

×××××××公司（单位名称）

证书级别：

证书编号：

年　　月

**B.4** 施工图设计说明书封面格式

# ×××××××工程
# 施工图设计说明书

第××卷

第××册

工程规模：

建设性质：

**×××××××公司(单位名称)**

证书级别：

证书编号：

年　　月

B.5 设计图纸封面格式

（A3 幅面）××××××××××工程　设计阶段：

第×××卷　　　×××
第××册　　　×××
第×××分册　　×××

××××××公司（单位名称）

证书级别：
证书编号：

年　月

**B.6 工程地质勘察报告封面格式**

# ×××××××工程
## 工程地质勘察报告(××××阶段)

<br><br><br><br><br><br>

**×××××××公司(单位名称)**

证书级别：

证书编号：


年　　月

## B.7 工程地质勘察报告（附件）封面格式

<br>

# ××××××工程
# 工程地质勘察报告(××××阶段)
# (附件)

<br><br><br><br><br><br>

**××××××公司(单位名称)**

证书级别：

证书编号：

**年　　月**

**B.8 工程地质勘察报告(附图)封面格式**

××××××工程

**工程地质勘察报告(××××阶段)**

**(附图)**

<br><br><br><br><br>

**××××××公司(单位名称)**

证书级别:

证书编号:

年　月

## 附录C　图纸幅面及图题栏

根据《水利水电工程制图标准　基础制图》(SL 73.1—2013)的要求,本指南摘录了设计图纸的基本幅面、加长幅面、图框、标题栏、会签栏的具体要求。

(1)图纸的幅面宜采用基本幅面,也可采用加长幅面。

(2)图纸基本幅面及图框尺寸应符合附表C.1的规定。

附表C.1　基本幅面及图框尺寸(第一选择)　　　　单位:mm

| 幅面代号 | A0 | A1 | A2 | A3 | A4 |
|---|---|---|---|---|---|
| $B \times L$ | 841×1189 | 594×841 | 420×594 | 297×420 | 210×297 |
| $e$ | 20 | | | 10 | |
| $c$ | 10 | | | 5 | |
| $a$ | | | 25 | | |

(3)加长图幅宜选用附表C.2和附表C.3所规定的加长幅面,幅面的尺寸是由基本幅面的短边成整数倍增加后得出。加长幅面的图框尺寸,按所选用的基本幅面大一号的图框尺寸确定。图纸幅面的尺寸公差应满足《印刷、书写和绘图纸幅面尺寸》(GB/T 148—1997)的规定。

附表C.2　加长幅面(第二选择)　　　　单位:mm

| 幅面代号 | A3×3 | A3×4 | A4×3 | A4×4 | A4×5 |
|---|---|---|---|---|---|
| $B \times L$ | 420×891 | 420×1189 | 297×630 | 297×841 | 297×1051 |

附表C.3　加长幅面(第三选择)　　　　单位:mm

| 幅面代号 | A0×2 | A0×3 | A1×3 | A1×4 | A2×3 | A2×4 | A2×5 |
|---|---|---|---|---|---|---|---|
| $B \times L$ | 1189×1682 | 1189×2523 | 841×1783 | 841×2378 | 594×1261 | 594×1682 | 594×2102 |
| 幅面代号 | A3×5 | A3×6 | A3×7 | A4×6 | A4×7 | A4×8 | A4×9 |
| $B \times L$ | 420×1486 | 420×1783 | 420×2080 | 297×1261 | 297×1471 | 297×1682 | 297×1892 |

（4）图框线应用粗实线绘制，A0、A1 幅面线宽 1.4 mm，A2、A3 幅面线宽 1.0 mm，A4 幅面线宽 0.7 mm。格式分无装订边和有装订边两种，同一产品的图样应采用一种格式。

（5）无装订边图纸或有装订边图纸的图框格式如附图 C.1 所示。图纸应画出周边线（幅面线）、图框线和标题栏。

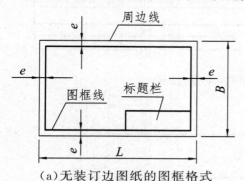

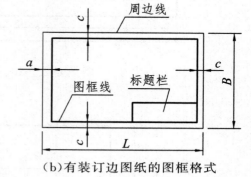

（a）无装订边图纸的图框格式　　　　　　（b）有装订边图纸的图框格式

附图 C.1　图框格式

（6）标题栏、会签栏及装订边的位置，应符合下列规定：

①标题栏应放在图纸右下角。

②会签栏宜在标题栏的右上方或左侧下方。

③横式图纸装订边应在图左边，立式图纸的装订边对 A0、A2、A4 图宜在图上边。

（7）标题栏的外框线应为粗实线，A0、A1 幅面线宽 1.0 mm，A2、A3 幅面线宽 0.7 mm，A4 幅面线宽 0.5 mm；分格线应为细实线，A0、A1 幅面线宽 0.25 mm，A2、A3、A4 幅面线宽 0.18 mm。

（8）标题栏的内容、格式和尺寸可按下列样式绘制：

①对 A0、A1 幅面，可按附图 C.2 所示式样绘制；对 A2～A4 幅面可按附图 C.3 所示式样绘制。

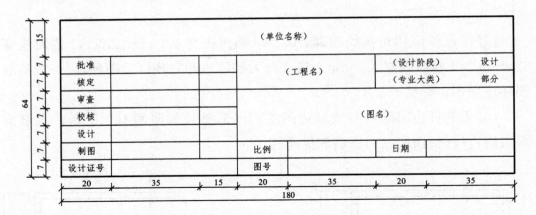

附图 C.2　A0、A1 幅面标题栏(单位:mm)

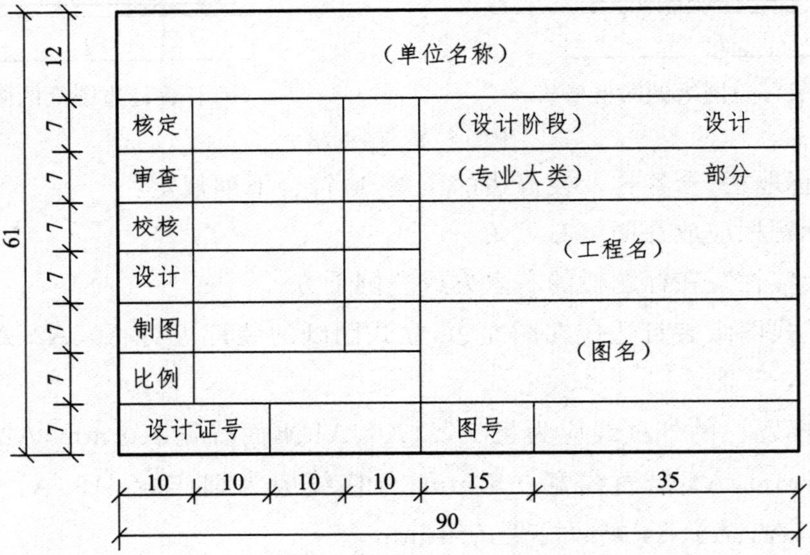

附图 C.3　A2～A4 幅面标题栏(单位:mm)

　　②勘测图件的标题栏可按附图 C.2、附图 C.3 所示式样绘制,并将"设计"栏、"制图"栏相应改为"制图"栏、"描图"栏,"设计证号"栏改为"勘测证号"。

　　(9)图纸中会签栏的内容、格式及尺寸可按附图 C.4 所示式样绘制,其位置见附图 C.5。

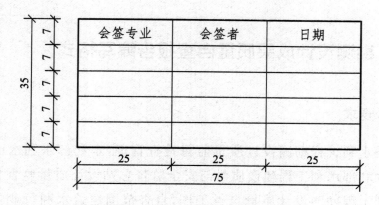

附图 C.4　会签栏格式（单位：mm）

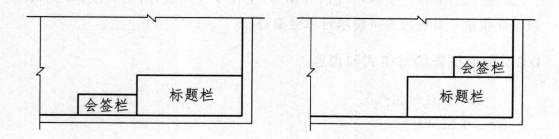

附图 C.5　会签栏位置

# 附录 D　勘测设计成果质量自查报告编写格式

## D.1　总体要求

为加强水利工程勘测设计质量监督检查管理，水利部水利水电规划设计总院联合水利部水利工程建设质量与安全监督总站设计质量监督分站每年组织开展水利工程勘测设计质量自查工作，自查范围覆盖水利行业主要甲级和部分乙级勘测设计单位。

自查报告应根据实际情况认真编写，重在发现问题，落实整改，以提高勘测设计质量。自查报告可按项目单独编写。

## D.2　自查报告编写格式和内容

1　项目设计单位概况

1.1　单位简介

1.2　单位资质范围和人员资格

1.3　单位质量管理情况

1.3.1　质量管理体系建立和运行情况

1.3.2　质量管理措施及效果

1.3.3　总体勘测设计成果质量情况

1.4　技术标准及强制性条文管理

1.4.1　技术标准管理

重点说明单位对技术标准有效性的管理情况。

1.4.2　强制性条文管理

重点说明《水利工程建设标准强制性条文管理办法（试行）》（水国科〔2012〕546 号）的第十六条、第二十条、第二十一条、第二十二条、第二十六条执行情况。

2　项目概况

2.1　基本情况

2.1.1　项目及参建单位基本情况

项目及参建单位基本情况如附表 D.1 所示。

**附表 D.1　项目及参建单位基本情况表**

| 项目名称 | | | |
|---|---|---|---|
| 项目地址 | | | |
| 建设规模 | | | |
| 开工日期 | | | |
| 建设单位 | | | |
| 质量监督单位 | | | |
| 设计招标代理单位 | | 资质情况 | |
| 勘察单位 | | | |
| 设计单位 | | | |
| 施工单位 | | | |
| 监理单位 | | | |
| 质量检测单位 | | | |

### 2.1.2　工程概况

主要说明工程规模、工程等别和建筑物级别、总体布置、主要建设内容、征地移民和工程投资与工期等内容。

### 2.1.3　项目进展

说明截至自查完成日期的工程形象进度。

## 2.2　设计合同

说明设计单位与业主单位签订的勘测设计合同及其履行情况,包括合同范围、合同期限、履行能力、有无分包等。

## 2.3　设计资质要求和人员资格

### 2.3.1　设计资质要求

说明项目要求的勘测设计资质等级及许可范围,承揽的项目是否在单位资质范围内,是否超资质许可承揽勘测设计任务,分包单位的资质。

### 2.3.2　项目人员组成及人员资格

列表说明承担项目的勘测设计人员所具备的技术职称和执业资格,分包单位的人员资格等,如附表 D.2 所示。

**附表 D.2　项目人员组成及人员资格表**

| 项目设计主要技术负责人 | | | |
|---|---|---|---|
| 职责 | 人员 | 职务或职称 | 注册资格 |
| 主管院长 | | | |
| 总工 | | | |
| 主管总工 | | | |
| 设计总负责人 | | | |
| 地勘专业副总工 | | | |
| 规划专业副总工 | | | |
| 水工专业副总工 | | | |
| 施工、概算专业副总工 | | | |
| 机电专业副总工 | | | |
| 水库移民专业副总工 | | | |
| 设代处处长 | | | |
| 主要参加设计人员 | | | |
| 测量、水文、地质、规划、水工、金结、电气、水机、通信消防、施工、概算、移民、环保、水保、经评（按专业说明） | 专业负责人 | | |
| | 设计人员 | | |

## 3　设计质量控制

### 3.1　设计依据

#### 3.1.1　批复情况

说明工程可研报告、初设报告、重大设计变更报告的批复时间、批复单位、批复文件等内容。

#### 3.1.2　采用的技术标准

（1）国家标准

本项目采用的国家标准如附表 D.3 所示。

**附表 D.3　项目采用的国家标准清单**

| 序号 | 标准名称 | 标准号 | 实施日期 |
|------|----------|--------|----------|
|      |          |        |          |

（2）水利水电行业技术标准

本项目采用的水利水电行业技术标准如附表 D.4 所示。

**附表 D.4　项目采用的水利水电行业技术标准清单**

| 序号 | 标准名称 | 标准号 | 实施日期 |
|------|----------|--------|----------|
|      |          |        |          |

（3）其他行业标准

本项目采用的其他行业标准如附表 D.5 所示。

**附表 D.5　项目采用的其他行业标准清单**

| 序号 | 标准名称 | 标准号 | 实施日期 |
|------|----------|--------|----------|
|      |          |        |          |

（4）计算软件采用技术标准情况

本项目采用的计算软件情况如附表 D.6 所示。

**附表 D.6　项目采用的计算软件有效版本清单**

| 序号 | 计算内容 | 软件名称 | 版本 | 采用标准名称及标准号 | 软件开发单位 |
|------|----------|----------|------|----------------------|--------------|
|      |          |          |      |                      |              |

### 3.1.3　勘测设计深度要求及设计深度

分专业说明项目勘测设计深度要求及符合情况。对照工程项目勘察设计深度要求，完成自评。

### 3.2　设计质量

说明勘测设计文件编制过程控制、设计质量体系运行情况、成果满足施工需要的情况。

### 3.3 设计变更

说明重大设计变更和一般设计变更的情况。主要包括项目设计变更的次数、原因、审批完成情况，特别是重大设计变更对工程建设造成的主要影响（可从对工期、工程造价等方面阐述）。

### 3.4 设代服务

#### 3.4.1 组织机构

#### 3.4.2 设代组工作职责

#### 3.4.3 与业主及各参建单位的接口管理

#### 3.4.4 设代组的现场管理

#### 3.4.5 设代服务人员

说明项目现场配备设代服务人员的专业能力及服务情况。

### 3.5 施工供图及设计交底

#### 3.5.1 施工图供图情况

#### 3.5.2 设计交底情况

### 3.6 强制性条文执行情况

#### 3.6.1 强制性条文执行总体情况

#### 3.6.2 逐条自查强制性条文执行及符合情况

按专业列表说明勘测设计工作中涉及的强制性条文执行情况，如果设计内容不涉及该条文时，在"执行情况"一栏注明"不涉及"。表格样式可参照本指南附录 E。

## 4 结论

### 4.1 总体评价

根据自查结果，对本年度项目勘测设计质量进行总体评价（可与上一年自查结果做对比分析评价）。

### 4.2 存在问题及拟定问题分级

按照《水利部关于印发〈水利工程勘测设计失误问责办法（试行）〉的通知》（水总〔2020〕33 号）要求，对自查项目存在的勘测设计质量问题，按照《水利工程勘测设计失误分级标准》拟定问题分级（严重、较重、一般）。

### 4.3 处理措施

针对自查发现的问题，制定整改措施，说明截至自查完成日期落实整改情况的进展。

5 自查工作"回头看"

5.1 对上一年度自查工作的总体评价

5.2 整改落实情况

对上一年度项目自查发现问题的整改措施,按照项目问题逐条说明整改落实是否到位,如仍有未整改到位的问题,则需要说明未整改完成的原因及进一步整改措施。

# 附录 E 水利工程勘测设计项目执行强制性条文情况检查表

　　各专业检查表对照《水利工程建设标准强制性条文（2020年版）》编写，若强制性条文更新，或者其收录的标准规范更新，检查表应相应更新。

附表 E.1 水利工程勘测设计项目执行强制性条文情况检查表（水文）

| 设计阶段 | 初步设计、施工图设计 | | | |
|---|---|---|---|---|
| 设计文件及编号 | ☑水文　□勘测　□规划　□水工　□机电与金属结构　□环境保护　□水土保持　□征地移民　□劳动安全与卫生　□其他 | | | |
| 强条汇编章节 | 标准名称 | 《河流流量测验规范》 1-1-1 | 标准编号 | GB 50179—2015 |
| 序号 | 条款号 | 强制性条文内容 | 执行情况 | 符合/不符合/不涉及　设计人签字 |
| 1 | 2.1.2 | 测验河段必须避开易发生滑坡、坍塌和泥石流的地点。 | | |
| 2 | 4.5.2 | 各种高洪流量测验方案使用前必须进行演练，确保生产安全。 | | |
| 强条汇编章节 | 标准名称 | 《水文基础设施建设及技术装备标准》 1-1-2 | 标准编号 | SL/T 276—2022 |
| 序号 | 条款号 | 强制性条文内容 | 执行情况 | 符合/不符合/不涉及　设计人签字 |
| 1 | | 标准已更新，更新后的标准无强制性条文。 | | |

**强条汇编章节**

| 标准名称 | | 《水文缆道测验规范》 | | 标准编号 | SL 443—2009 |
|---|---|---|---|---|---|
| | | | | | 1-1-3 |
| 序号 | 条款号 | 强制性条文内容 | 执行情况 | 符合/不符合/不涉及 | 设计人签字 |
| 1 | 3.1.5 | 为确保缆道操作与运行系统运行安全,测站应根据需要配备下列装置:<br>1 水平、垂直运行系统的制动装置。<br>2 极高、极远、极近的标志或限位保护装置,限位保护装置应独立于正常操作系统。<br>3 在通航河流进行测验时,应按航道部门的规定设置明显的测量标志。<br>4 夜间测验时的照明装置。 | | | |

**强条汇编章节**

| 标准名称 | | 《水利水电工程设计水洪计算规范》 | | 标准编号 | SL 44—2006 |
|---|---|---|---|---|---|
| | | | | | 1-2-1 |
| 序号 | 条款号 | 强制性条文内容 | 执行情况 | 符合/不符合/不涉及 | 设计人签字 |
| 1 | 1.0.9 | 对设计洪水计算过程中所依据的基本资料、计算方法及其主要环节,采用的各种参数和计算成果,应进行多方面分析检查,论证成果的合理性。 | | | |
| 2 | 2.1.2 | 对计算设计洪水所依据的暴雨、洪水、潮位资料和流域、河道特征资料应进行合理性检查;对水尺零点高程变动情况及大洪水年份的浮标系数、水面流速系数,推流借用断面情况等应重点检查和复核,必要时还应进行调查和比测。 | | | |

续表

| | | |
|---|---|---|
| 3 | 2.2.1 | 洪水系列应具有一致性。当流域内因修建蓄水、引水、提水、分洪、滞洪等工程，大洪水时发生堤防溃决、溃坝，明显改变了洪水过程，影响了洪水系列的一致性；或因河道整治、水尺零点高程系统变动影响水（潮）位系列一致性时，应将系列统一到同一基础。 |
| 4 | 2.3.5 | 对插补延长的洪水、暴雨和潮位资料，应进行多方面的分析论证，检查其合理性。 |
| 5 | 2.4.1 | 对搜集的历史洪水、潮位、暴雨资料及其编制成果，应进行合理性检查；对历史洪水洪峰流量应进行复核，必要时应补充调查和考证；对近期发生的特大暴雨，洪水及特大潮，应进行调查。 |
| 6 | 3.4.5 | 分期设计洪水计算时，历史洪水重现期应在分期内考证，其重现期不应短于全年最大洪水系列中的重现期。 |
| 7 | 4.3.1 | 由设计暴雨计算设计洪水或由可能最大暴雨计算可能最大洪水时，应充分利用设计流域或邻近地区实测的暴雨，洪水对应资料，对产流和汇流计算方法中的参数进行率定，并分析参数在大洪水时的特性及变化规律。参数应与回加应参数一致；不同方法的分割与运算方法应一致。洪水过程线的分割与运算方法不应任意移用。 |

续表

| 序号 | 条款号 | | 图号 |
|---|---|---|---|
| 8 | 4.3.7 | 由设计暴雨计算的设计洪水或由可能最大暴雨计算的可能最大洪水成果，应分别与本地区实测、调查的大洪水和设计洪水成果进行对比分析，以检查其合理性。 | 1-2-2 |

强条汇编章节

| 标准名称 | 《水利水电工程水文计算规范》 | 标准编号 | SL/T 278—2020 |
|---|---|---|---|

| 序号 | 条款号 | 强制性条文内容 | 执行情况 | 签字 |
|---|---|---|---|---|
| 1 | | 标准已更新，更新后的标准无强制性条文。 | 符合/不符合/不涉及 | 设计人签字 |

附表 E.2　水利工程勘测设计项目执行强制性条文情况检查表（工程勘测）

| 设计阶段 | | 初步设计、施工图设计 | | |
|---|---|---|---|---|
| 设计文件及编号 | | | | |
| 检查专业 | | □水文　☑勘测　□规划　□水工　□机电与金属结构 | | |
| | | □环境保护　□水土保持　□征地移民　□劳动安全与卫生　□其他 | | |
| 强条汇编章节 | | 2-0-1 | | |
| 标准名称 | | 《水利水电工程地质勘察规范》 | 标准编号 | GB 50487—2008 |
| 序号 | 条款号 | 强制性条文内容 | 执行情况 | 符合/不符合/不涉及 |
| 1 | 5.2.7 | 工程场地地震动参数确定应符合下列规定：<br>1　坝高大于 200 m 的工程或库容大于 $10 \times 10^9$ m³ 的大（1）型工程，以及 50 年超越概率 10% 的地震动峰值加速度大于或等于 0.10$g$ 地区且坝高大于 150 m 的大（1）型工程，应进行场地地震安全性评价工作。<br>5　场地地震安全性评价应包括工程使用期限内，不同超越概率水平下，工程场地基岩面的地震动参数。 | | 设计人签字 |
| 2 | 6.2.2 | 可溶岩区水库严重渗漏地段勘察应查明下列内容：<br>1　可溶岩层、隔水层及相对隔水层的厚度、连续性和空间分布。<br>4　主要渗漏地段或主要渗漏通道的位置、形态和规模，略斯特渗漏的性质，估算渗漏量，提出防渗处理范围、深度和处理措施的建议。 | | |

续表

| | | |
|---|---|---|
| 3 | 6.2.3 | 非可溶岩区水库严重渗漏地段勘察，应查明断裂带、古河道、第四纪松散堆积层等渗漏介质的分布及其透水性，确定可能发生严重渗漏的地段，渗漏量及其危害性，提出防渗处理范围和措施的建议。 |
| 4 | 6.2.5 | 水库浸没勘察应包括下列内容：<br>4 对于农作物区，应根据各种现有农作物的种类、分布，查明土壤盐渍化现状，确定地下水埋深临界值。<br>5 对于建筑物区，应根据各种现有建筑物的类型、数量和分布，查明基础类型和埋深，确定地下水埋深临界值。查明黄土、软土、膨胀土等工程地质不良岩土层的分布情况、性状和土的冻结深度，评价其影响。<br>6 确定浸没的范围及危害程度。 |
| 5 | 6.2.7 | 水库库岸滑坡、崩塌和坍岸区的勘察应包括下列内容：<br>1 查明水库区对工程建筑物、城镇和居民区环境有影响的滑坡、崩塌分布、规模和地下水动态特征。<br>2 查明库岸滑坡、崩塌和坍岸区岩土体物理力学性质，调查库岸水上、水下与水位变动带稳定坡角。<br>3 查明坍岸区岸坡结构类型、失稳模式、稳定现状，预测水库蓄水后岸坡、崩塌体的稳定性，估算滑坡、崩塌后范围及危害性。<br>4 评价水库蓄水前和蓄水后滑坡、崩塌入库方量，涌浪高度及影响范围，评价其对航运、工程建筑物、城镇和居民区环境的影响。 |

续表

| | | |
|---|---|---|
| 6 | 6.2.10 | 泥石流勘察应包括下列内容：<br>2 查明可能形成泥石流固体物质的组成、分布范围、储量及流通区、堆积区的地形地貌特征。 |
| 7 | 6.2.12 | 水库诱发地震预测应符合下列规定：<br>1 当可行性研究阶段预测有可能发生水库诱发地震时，应对诱发地震可能性较大的地段进行工程地质地震地质论证、校核可能发震地段的诱发地震条件，预测发震类型和发展强度，并应对工程建筑物的影响作出评价。<br>2 对需要进行水库诱发地震监测的工程，应进行水库诱发地震监测台网总体方案设计。台网布设应有效控制库首及水库诱发地震发震可能性较大的库段，监测震级（$M_L$）下限应为0.5级左右。台网观测宜在水库蓄水前1～2年开始。 |
| 8 | 6.3.1 | 土石坝坝址勘察应包括下列内容：<br>2 查明坝基河床及两岸河床覆盖层的层次、厚度和分布，重点查明软土层、粉细砂、湿陷性黄土、架空层、漂孤石层以及基岩中的石膏夹层等工程性质不良岩土层的情况。<br>4 查明坝基水文地质结构，地下水埋深，含水层或透水层和相对隔水层的岩性、厚度变化和空间分布，坝肩渗透透水层、岩土体渗性。重点查明可能导致强烈渗漏水和坝基、坝肩渗漏的集中渗漏带的具体位置，提出坝基防渗处理的建议。<br>7 查明坝区喀斯特发育特征、主要喀斯特洞穴和通道的分布规律、喀斯特泉的位置和流量，相对隔水层埋藏条件，提出防渗处理范围的建议。 |

续表

| 序号 | 条号 | 内容 |
|---|---|---|
| 9 | 6.4.1 | 混凝土重力坝（砌石重力坝）坝址勘察应包括下列内容：<br>3 查明断层、破碎带、断层交汇带和裂隙密集带的具体位置、规模和性状，特别是顺河断层和缓倾角断层的分布特征。<br>4 查明岩体风化带和卸荷带在各部位的厚度及其特征。<br>5 查明坝基、坝肩岩体的完整性，结构面的产状、延伸长度，充填物性状及其组合关系。确定坝基、坝肩稳定分析的边界条件。<br>9 查明地表水和地下水的物理化学性质，评价其对混凝土和钢结构的腐蚀性。 |
| 10 | 6.5.1 | 混凝土拱坝（砌石拱坝）坝址的勘察内容除应符合本规范第6.4.1条的规定外，还应包括下列内容：<br>2 查明与拱座岩体有关的岸坡卸荷，岩体风化、断裂，喀斯特洞穴及溶蚀裂隙、软弱层（带）破碎带的分布与特征，确定拱座利用岩体和开挖利用岩面和开挖深度，评价坝基和拱座岩体质量，提出处理建议。<br>3 查明与拱座岩体变形有关的断层、破碎带、软弱层（带）、喀斯特洞穴及溶蚀裂隙、风化、卸荷岩体的分布及工程地质特性，提出处理建议。<br>4 查明与拱座抗滑稳定有关的各类结构面，特别是底滑面、侧滑面的分布、性状、连通率，确定拱座抗滑稳定的边界条件，分析岩体变形与抗滑稳定的相互关系，提出处理建议。 |

续表

| 11 | 6.6.1 | 溢洪道勘察应包括下列内容：<br>1 查明溢洪道地段地层岩性，特别是软弱、膨胀、湿陷等工程性质不良岩土层和架空层的分布及工程地质特性。<br>2 查明溢洪道地段的断层、裂隙密集带、层间剪切带和缓倾角结构面等的性状及分布特征。 | | |
| 12 | 6.7.1 | 地面厂房勘察应包括下列内容：<br>2 查明厂址区地层岩性，特别是软弱岩类、膨胀性岩类、易溶和喀斯特化岩层以及湿陷性岩土、软土、膨胀土、粉细砂、架空层等工程性质不良岩土层的分布及其工程地质特性。厂址地基为可能地震液化土层时，应进行地震液化判别。<br>3 查明厂址区断层、破碎带、裂隙密集带、软弱结构面、缓倾角结构面性状、分布，规模及组合关系。 | | |
| 13 | 6.8.1 | 地下厂房系统勘察应包括下列内容：<br>3 查明厂区岩层的产状、断层破碎带的位置、产状、规模、性状及裂隙发育特征，分析各类结构面的组合关系。<br>4 查明厂区水文地质条件、含水层、隔水层、强透水带的分布及特征。可溶岩区应查明喀斯特水系统分布、预测掘进时发生突水（泥）的可能性，估算最大涌水量和对围岩稳定的影响，提出处理建议。<br>8 查明岩层中的有害气体或放射性元素的赋存情况。 | | |

| 序号 | 条款号 | 内容 | | |
|---|---|---|---|---|
| 14 | 6.9.1 | 隧洞勘察应包括下列内容：<br>3 查明隧洞沿线岩层产状、主要断层、破碎带和节理裂隙密集带的位置、规模、性状及其组合关系。隧洞穿过活断层时应进行专门研究。<br>4 查明隧洞沿线的地下水位、水温和水化学成分，特别要查明涌水量丰富的含水层、汇水构造、强透水带以及与地表溪沟连通的断层、破碎带、节理裂隙密集带和岩溶特通道，预测掘进时突水（泥）的可能性，估算最大涌水量，提出处理建议。提出外水压力折减系数。<br>5 可溶岩区应查明隧洞沿线的喀斯特发育规律、主要洞穴的发育层位、规模、充填情况和富水性。洞线穿越大的喀斯特水系或喀斯特连洞时应进行专门研究。<br>10 查明压力管道地段上覆岩体厚度和岩体应力状态、高水头压力管道地段尚应调查上覆山体的稳定性、侧向边坡的稳定性、岩体的地质结构特征和高压水渗透特性。<br>11 查明岩层中有害气体或放射性元素的赋存情况。 | | |
| 15 | 6.10.1 | 导流明渠及围堰工程勘察应包括下列内容：<br>2 查明地层岩性特征。基岩区应查明软弱岩层、喀斯特化岩层分布及其工程地质特性；第四纪沉积物应查明其厚度、物质组成，特别是软土、粉细砂、湿陷性黄土和架空层的分布及其工程地质特性。 | | |

续表

| 序号 | 条款号 | 内容 | | |
|---|---|---|---|---|
| 16 | 6.11.1 | 通航建筑物的工程地质勘察应包括下列内容：<br>2　岩基上的通航建筑物应查明软岩、断层、层间剪切带、主要裂隙及其组合与地基、边坡的关系，提出岩土体的物理力学性质参数，评价地基、开挖边坡的稳定性。<br>3　土基上的通航建筑物应对地基的沉陷、湿陷、抗滑稳定、渗透变形、地震液化等问题作出评价。 | | |
| 17 | 6.12.1 | 边坡工程地质勘察应包括以下内容：<br>2　岩质边坡尚应查明岩体结构类型、风化、卸荷特征，各类结构面和软弱层的类型、产状、分布、性质及其组合关系，分析对边坡稳定的影响。 | | |
| 18 | 6.13.1 | 渠道勘察应包括下列内容：<br>3　查明渠道沿线含水层和隔水层的分布，地下水补排关系和水位，特别是强透水层和承压含水层等对渠道渗漏、涌水、渗透稳定、浸没、沼泽化、沼泽化、湿陷等的影响以及对环境水文地质条件的影响。<br>4　查明渠道沿线地下采空区和隐藏喀斯特洞穴塌陷等地形成的地表移动盆地、地震塌陷区的分布范围、规模和稳定状况，并评价其对渠道的影响。对于穿越城镇、工矿区的渠段，还应探明地下构筑物及地下管线的分布。 | | |

续表

| 序号 | 条文号 | 内容 | | |
|---|---|---|---|---|
| 19 | 6.14.1 | 水闸及泵站勘察应包括以下内容：<br>1 查明水闸及泵站场址区的地层岩性，重点查明软土、膨胀土、湿陷性黄土、粉细砂、红黏土、冻土、石膏等工程性质不良岩土层的分布范围、性状和物理力学性质、基岩埋藏较浅时应调查基岩面的倾斜和起伏情况。<br>3 查明场址区滑坡、潜在不稳定岩体以及泥石流等物理地质现象。 | | |
| 20 | 6.15.1 | 深埋长隧洞勘察除应符合本规范第6.9.1条的有关规定外，尚应包括下列内容：<br>1 基本查明可能产生高外水压力、突涌水（泥）的水文地质、工程地质条件。<br>2 基本查明可能产生围岩较大变形的岩组及大断裂破碎带的分布及特征。<br>3 基本查明地应力特征，并判别产生岩爆的可能性。<br>4 基本查明地温分布特征。 | | |
| 21 | 6.19.2 | 移民新址工程地质勘察应包括下列内容：<br>2 查明新址区及外围滑坡、崩塌、危岩、冲沟、泥石流、坍岸、喀斯特等不良地质现象的分布范围及规模，分析对新址区场地稳定性的影响。<br>3 查明生产、生活用水水源、水量、水质及开采条件。 | | |

续表

| 22 | 9.4.1 | 渗漏及渗透稳定性勘察应包括下列内容：<br><br>1 土石坝坝体渗漏及渗透稳定性应查明下列内容：<br><br>1）坝体填筑土的颗粒组成、渗透性、分层填土的结合情况，特别是坝体与岸坡接合部位填料的物质组成、密实性和渗透性。<br><br>2）防渗体的颗粒组成、渗透性及新老防渗体之间的结合情况，评价其有效性。<br><br>5）坝体下游坡渗水的部位、特征、渗漏量的变化规律及渗透稳定性。<br><br>6）坝体塌陷、裂缝及生物洞穴的分布位置、规模及延伸连通情况。<br><br>2 坝基及坝肩岩土体渗漏及渗透稳定性勘察应查明下列内容：<br><br>4）古河道及单薄分水岭等的分布情况。<br><br>5）两岸地下水位及其动态，地下水位低槽带与漏水点的关系。渗漏量与库水位的相关性。 |  |  |
| --- | --- | --- | --- | --- |

续表

| 序号 | 条文号 | 内容 | | |
|---|---|---|---|---|
| 23 | 9.4.3 | 不稳定边（岸）坡勘察应查明下列内容：<br>2 不稳定边坡的分布范围、边界条件、规模、地质结构和地下水位。<br>3 潜在滑动面的类型、产状、力学性质及与临空面的关系。 | | |
| 24 | 9.4.5 | 坝（闸）基及坝肩抗滑稳定勘察应查明下列内容：<br>1 地层岩性和地质构造，特别是缓倾角结构面及其他不利结构面的分布、性质、延伸性、组合关系及上、下岩层的接触情况，确定坝（闸）基及坝肩稳定分析的边界条件。<br>3 坝体与基岩接触面特征。 | | |
| 25 | 9.4.8 | 坝体变形与地基沉降勘察应包括下列内容：<br>1 查明土石坝填筑料的物质组成、压实度、强度和渗透特性。<br>2 查明坝体滑坡、开裂、塌陷等病害险情的分布位置、范围、特征、成因，险情发生过程与抢险措施，运行期坝体变形位移情况及变化规律。<br>3 查明地基地层结构、分布、物质组成、重点查明软土、湿陷性土等工程地质不良岩土层的分布特征及物理力学特性，可溶岩区喀斯特洞穴的分布、充填情况及埋藏深度。 | | |

续表

强条汇编章节

| 序号 | 标准名称 | 条款号 | 强制性条文内容 | 执行情况 | 标准编号 SL 55—2005 |
| --- | --- | --- | --- | --- | --- |
| | 《中小型水利水电工程地质勘察规范》 | | | 符合/不符合/不涉及 | 设计人签字 |
| | 2-0-2 | | | | |
| 1 | | 5.2.9 | 溶洼水库和溶洞勘察应包括下列内容：<br>3 查明库盆区主要消水洞穴（隙）的分布位置、性质、规模及与库外连通程度，被掩埋的地面塌坑，溶井和其他消泄水点情况等。<br>5 查明堵体部位覆盖层的类型、性质和厚度，喀斯特洞隙发育规律和管道交叉的连通情况。在利用洞岩壁挡水时，应调查洞周岩壁的完整情况，有效厚度及其支承稳定性。 | | |
| 2 | | 6.3.5 | 对施工中可能遇到危及施工或建筑物安全的有关地质现象，应及时进行预测预报，其重点内容是：<br>1 根据基坑开挖所揭露的土层情况，预测软土、湿陷性黄土、膨胀土等特殊土层的分布位置、高程、厚度，及可能发生的边坡滑动，塌陷，基坑涌水、涌砂和地基顶托等不利现象。<br>2 预测洞室掘进中可能遇到的重大塌方、碎屑流、突水或其他地质灾害发生的部位。<br>3 根据边坡开挖后所揭露的岩土性质和不利结构面的分布情况，预测边坡失稳的可能性及其边界条件，对施工期的监测提出建议。 | | |

续表

| 强条汇编章节 | | | 《堤防工程地质勘察规程》 | 2-0-3 | | 标准编号 | SL 188—2005 |
|---|---|---|---|---|---|---|---|
| 标准名称 | | | | | | | |
| 序号 | 条款号 | | 强制性条文内容 | 执行情况 | 符合/不符合/不涉及 | | 设计人签字 |
| 1 | 4.3.1 | | 新建堤防的勘察应包括下列内容：<br>4 查明相对隔水层和透水层的埋深、厚度、特性及与江、河、湖、海的水力连系，调查沿线泉、井分布位置及其水位、流量变化规律，查明地下水与地表水的水质及其对混凝土的腐蚀性。<br>5 基本查明堤线附近埋藏的古河道、古冲沟、渊、潭、塘等的性状、位置、分布范围，分析其对堤基渗漏、稳定的影响。 | | | | |
| 2 | 4.3.2 | | 已建堤防加固工程的勘察除应满足本标准4.3.1条的规定外，还应包括下列内容：<br>1 复核隐患情况分布位置、范围、特征，调查堤外滩地形、微地貌特征和宽度、堤内决口冲刷坑和决口口门淤积物等的分布位置、范围等。<br>2 查明拟加固堤段堤基临时堵体、决口因出险而引起的堤基地质条件变化分布位置、特征等，查明决口口门位置的情况。 | | | | |

续表

| | | | | |
|---|---|---|---|---|
| 3 | 4.3.3 | 涵闸工程的勘察应包括下列内容：<br>3 查明闸基透水层、相对隔水层的厚度、埋藏条件、渗透特性及其与地表水体的水力连系、地下水位及其动态变化、地下水及地表水质并评价其对混凝土的腐蚀性。<br>4 查明闸址处埋藏的古河道、古冲沟、土洞等的特性，分布范围，危及涵闸的滑坡、崩塌等物理地质现象的分布位置、规模和稳定性，评价其对闸基渗漏、稳定的影响。 | | |
| 4 | 4.3.4 | 堤岸的勘察应包括下列内容：<br>2 基本查明拟护堤岸段岸坡的地质结构，各地层的岩性、空间分布规律，评价其抗冲性能，确定各土（岩）层的物理力学参数，注意特殊土层，粉细砂层等的分布情况及其性状，不利界面的形态。 | | |
| 5 | 5.3.13 | 钻孔完成后必须封孔（长期观测孔除外），封孔材料和封孔工艺应根据当地实际经验或试验资料确定。 | | |
| 6 | 8.0.2 | 天然建筑材料产地的选择，应符合下列原则：<br>3 土料产地距堤脚应有一定的安全距离，严禁因土料开采引起堤防渗透变形和抗滑稳定问题。 | | |

续表

| 强条汇编章节 | | 2-0-4 | | | |
|---|---|---|---|---|---|
| 标准名称 | | 《水利水电工程钻探规程》 | | 标准编号 | SL/T 291—2020 |
| 序号 | 条款号 | 强制性条文内容 | 执行情况 | 符合/不符合/不涉及 | 设计人签字 |
| 1 | | 标准已更新，更新后的标准无强制性条文。 | | | |
| 强条汇编章节 | | 2-0-5 | | | |
| 标准名称 | | 《水利水电工程施工地质规程》 | | 标准编号 | SL/T 313—2021 |
| 序号 | 条款号 | 强制性条文内容 | 执行情况 | 符合/不符合/不涉及 | 设计人签字 |
| 1 | | 标准已更新，更新后的标准无强制性条文。 | | | |
| 强条汇编章节 | | 2-0-6 | | | |
| 标准名称 | | 《水利水电工程勘探规程 第1部分：物探》 | | 标准编号 | SL/T 291.1—2021 |
| 序号 | 条款号 | 强制性条文内容 | 执行情况 | 符合/不符合/不涉及 | 设计人签字 |
| 1 | | 标准已更新，更新后的标准无强制性条文。 | | | |

## 附表 E.3　水利工程勘测设计项目执行强制性条文情况检查表（工程规划）

| 设计阶段 | | □初步设计　☑施工图设计 | | | |
|---|---|---|---|---|---|
| 检查专业 | | □水文　　□勘测　☑规划　□水工　□机电与金属结构<br>□环境保护　□水土保持　□征地移民　□劳动安全与卫生　□其他 | | | |
| 强条汇编章节 | | 3-1-1 | | | |
| | 标准名称 | 《农田水利规划导则》 | | 标准编号 | SL 462—2012 |
| 序号 | 条款号 | 强制性条文内容 | 执行情况 | 符合/不符合/不涉及 | 设计人签字 |
| 1 | 5.3.5 | 在血吸虫病疫区及其可能扩散影响的毗邻地区，农田水利规划应包括水利血防措施规划。<br>　1　从有钉螺水域引水的涵闸、泵站，应设置沉螺池等防螺工程措施。<br>　2　在堤防工程措施中，堤身应设防螺平台，并采用硬化护坡等工程措施；应填平堤防管理范围内的坑塘、洼地；堤防临湖滩地的宽度大于 200 m 时，应在堤防管理范围以外，设置防螺隔离沟。<br>　3　灌溉渠道应因地制宜选用渠道硬化、暗渠、暗管，在上下级渠道衔接处设沉螺池等工程措施。 | | | |

| 强条汇编章节 | | | 执行情况 | 标准编号 | GB 50201—2014 |
|---|---|---|---|---|---|
| 标准名称 | 《防洪标准》 | | | | 3-2-1 |
| 序号 | 条款号 | 强制性条文内容 | | 符合/不符合/不涉及 | 设计人签字 |
| 1 | 5.0.4 | 当工矿企业遭受洪水淹没后，可能爆炸或导致毒液、毒气、放射性等有害物质大量泄漏、扩散时，其防洪标准应符合下列规定：<br>1 对于中、小型工矿企业，应采用本标准表 5.0.1 中 I 等的防洪标准；<br>2 对于特大、大型工矿企业，除采用本标准表 5.0.1 中 I 等的上限防洪标准外，尚应采取专门的防护措施；<br>3 对于核工业和与核安全有关的厂区、车间及专门设施，应采用高于 200 年一遇的防洪标准。<br><br>**表 5.0.1 工矿企业的防护等级和防洪标准**<br><br>防护等级 / 工矿企业规模 / 防洪标准[重现期(年)]<br>I / 特大型 / 200~100<br>II / 大型 / 100~50<br>III / 中型 / 50~20<br>IV / 小型 / 20~10<br>注 各类工矿企业的规模按国家现行规定划分。 | | | |

—

续表

| 2 | 6.1.2 | 经过行、蓄、滞洪区铁路的防洪标准，应结合所在河段、地区的行、蓄、滞洪区的要求确定，不得影响行、蓄、滞洪区的正常运用。 | | | |
| 3 | 6.2.2 | 经过行、蓄、滞洪区公路的防洪标准，应结合所在河段、地区的行、蓄、滞洪区的要求确定，不得影响行、蓄、滞洪区的正常运用。 | | | |
| 4 | 6.3.5 | 当河（海）港区陆域的防洪工程是城镇防洪工程的组成部分时，其防洪标准不应低于该城镇的防洪标准。 | | | |
| 5 | 6.5.4 | 经过行、蓄、滞洪区的管道工程的防洪标准，应结合所在河段、地区的行、蓄、滞洪区的要求确定，不得影响行、蓄、滞洪区的正常运用。 | | | |
| 6 | 7.2.4 | 最终确定的核电厂设计基准洪水位不应低于有水文记录或历史上的最高洪水位。 | | | |

续表

| 序号 | 条文 |  |
|---|---|---|
| 7 | 11.3.1 水库工程水工建筑物的防洪标准，应根据其级别和坝型，按表11.3.1确定。 | |

表11.3.1 水库工程水工建筑物的防洪标准

| 水工建筑物级别 | 防洪标准［重现期（年）] | | | | |
|---|---|---|---|---|---|
| | 山区、丘陵区 | | | 平原区、滨海区 | |
| | 设计 | 校核 | | 设计 | 校核 |
| | | 混凝土坝、浆砌石坝 | 土坝、堆石坝 | | |
| 1 | 1000~500 | 5000~2000 | 可能最大洪水（PMF）或10000~5000 | 300~100 | 2000~1000 |
| 2 | 500~100 | 2000~1000 | 5000~2000 | 100~50 | 1000~300 |
| 3 | 100~50 | 1000~500 | 2000~1000 | 50~20 | 300~100 |
| 4 | 50~30 | 500~200 | 1000~300 | 20~10 | 100~50 |
| 5 | 30~20 | 200~100 | 300~200 | 10 | 50~20 |

| 序号 | 条文 |
|---|---|
| 8 | 11.3.3 土石坝一旦失事将对下游造成特别重大的灾害时，1级建筑物的校核洪水标准应采用可能最大洪水或10000年一遇。 |
| 9 | 11.8.3 堤防工程上的闸、涵、泵站等建筑物及其他构筑物的设计防洪标准，不应低于堤防工程的防洪标准，并应留有安全裕度。 |

**续表**

强条汇编章节

| | | 标准编号 | GB 50707—2011 |
|---|---|---|---|
| 标准名称 | | 符合/不符合/不涉及 | 设计人签字 |

《河道整治设计规范》 3-2-2

| 序号 | 条款号 | 强制性条文内容 | 执行情况 | | |
|---|---|---|---|---|---|
| 1 | 4.1.3 | 整治河段的防洪、排涝、灌溉或航运等的设计标准，应符合下列要求：<br>1 整治河段的防洪标准应以防御洪水或潮水的重现期表示，或以作为防洪标准的实际年型洪水表示，并应符合经审批的防洪规划。<br>2 整治河段的排涝标准应以排除涝水的重现期表示，并应符合经审批的排涝规划。<br>3 整治河段的灌溉标准应以灌溉设计保证率表示，并应符合经审批的灌溉规划。<br>4 整治河段的航运标准应以航道的等级表示，并应符合经审批的航运规划。<br>5 整治河段的岸线利用应与岸线控制线、岸线利用功能分区的控制要求相一致，并应符合经审批的岸线利用规划。<br>6 当河道整治设计具有两种或两种以上设计标准时，应协调各标准间的关系。 | | | |

附表 E.4 水利工程勘测设计项目执行强制性条文情况检查表（工程设计——工程等别与建筑物级别）

| 设计阶段 | 初步设计、施工图设计 | | |
|---|---|---|---|
| 设计文件及编号 | | | |
| 检查专业 | □水文 □勘测 □规划 ☑水工 □机电与金属结构<br>□环境保护 □水土保持 □征地移民 □劳动安全与卫生 ☑其他 | | |
| 强条汇编章节 | 4-1-1 | | |
| 标准名称 | 《水利水电工程等级划分及洪水标准》 | 标准编号 | SL 252—2017 |
| | 强制性条文内容 | 执行情况 | 符合／<br>不符合／<br>不涉及 |
| 序号 | 条款号 | | |
| | | 设计人<br>签字 | |

续表

| 1 | 3.0.1 | 水利水电工程的等别，应根据其工程规模、效益和在经济社会中的重要性，按表 3.0.1 确定。

表 3.0.1　水利水电工程分等指标

| 工程等别 | 工程规模 | 水库总库容 /10⁸ m³ | 防洪 | | | 治涝 | 灌溉 | 供水 | | | 发电 |
| | | | 保护人口 /10⁴人 | 保护农田面积 /10⁴亩 | 保护区当量经济规模 /10⁴人 | 治涝面积 /10⁴亩 | 灌溉面积 /10⁴亩 | 供水对象重要性 | 年引水量 /10⁸ m³ | | 发电装机容量 /MW |
| Ⅰ | 大（1）型 | ≥10 | ≥150 | ≥500 | ≥300 | ≥200 | ≥150 | 特别重要 | ≥10 | | ≥1200 |
| Ⅱ | 大（2）型 | <10, ≥1.0 | <150, ≥50 | <500, ≥100 | <300, ≥100 | <200, ≥60 | <150, ≥50 | 重要 | <10, ≥3 | | <1200, ≥300 |
| Ⅲ | 中型 | <1.0, ≥0.10 | <50, ≥20 | <100, ≥30 | <100, ≥40 | <60, ≥15 | <50, ≥5 | 比较重要 | <3, ≥1 | | <300, ≥50 |
| Ⅳ | 小（1）型 | <0.1, ≥0.01 | <20, ≥5 | <30, ≥5 | <40, ≥10 | <15, ≥3 | <5, ≥0.5 | 一般 | <1, ≥0.3 | | <50, ≥10 |
| Ⅴ | 小（2）型 | <0.01, ≥0.001 | <5 | <5 | <10 | <3 | <0.5 | 一般 | <0.3 | | <10 |

注1：水库总库容指水库最高水位以下的静库容；治涝面积指设计治涝面积；灌溉面积指设计灌溉面积；年引水量指供水工程渠首设计年均引（取）水量。

注2：保护区当量经济规模指标仅限于城市保护；防洪、供水中的多项指标满足 1 项即可。

注3：按供水对象的重要性确定工程等别时，该工程应为供水对象的主要水源。 |

续表

| 序号 | 条号 | 内容 |
|---|---|---|
| 2 | 3.0.2 | 对综合利用的水利水电工程，当按各综合利用项目的分等指标确定的等别不同时，其工程等别应按其中最高等别确定。 |
| 3 | 4.2.1 | 水库及水电站工程的永久性水工建筑物级别，应根据其所在工程的等别和永久性水工建筑物的重要性，按表4.2.1确定。<br><br>表4.2.1 永久性水工建筑物级别<br><br>见下表 |
| 4 | 4.3.1 | 拦河闸永久性水工建筑物的级别，应根据其所属工程的等别按表4.2.1确定。 |
| 5 | 4.4.1 | 防洪工程中堤防永久性水工建筑物的级别应根据其保护对象的防洪标准按表4.4.1确定。当经批准的流域、区域防洪规划另有规定时，应按其规定执行。<br><br>表4.4.1 堤防永久性水工建筑物级别<br><br>见下表 |

表4.2.1 永久性水工建筑物级别

| 工程等别 | 主要建筑物 | 次要建筑物 |
|---|---|---|
| I | 1 | 3 |
| II | 2 | 3 |
| III | 3 | 4 |
| IV | 4 | 5 |
| V | 5 | 5 |

表4.4.1 堤防永久性水工建筑物级别

| 防洪标准/[重现期（年）] | ≥100 | <100, ≥50 | <50, ≥30 | <30, ≥20 | <20, ≥10 |
|---|---|---|---|---|---|
| 堤防级别 | 1 | 2 | 3 | 4 | 5 |

续表

治涝、排水工程中的排水渠（沟）永久性水工建筑物级别，应根据设计流量按表 4.5.1 确定。

表 4.5.1　排水渠（沟）永久性水工建筑物级别

| 设计流量/（m³/s） | 主要建筑物 | 次要建筑物 |
|---|---|---|
| ≥500 | 1 | 3 |
| <500,≥200 | 2 | 3 |
| <200,≥50 | 3 | 4 |
| <50,≥10 | 4 | 5 |
| <10 | 5 | 5 |

| 6 | 4.5.1 | | |

治涝、排水工程中的水闸、渡槽、倒虹吸、管道、涵洞、隧洞、跌水与陡坡等永久性水工建筑物级别，应根据设计流量，按表 4.5.2 确定。

表 4.5.2　排水渠系永久性水工建筑物级别

| 设计流量/（m³/s） | 主要建筑物 | 次要建筑物 |
|---|---|---|
| ≥300 | 1 | 3 |
| <300,≥100 | 2 | 3 |
| <100,≥20 | 3 | 4 |
| <20,≥5 | 4 | 5 |
| <5 | 5 | 5 |

| 7 | 4.5.2 | | |

注：设计流量指建筑物所在断面的设计流量。

续表

| | | |
|---|---|---|
| 8 | 4.5.3 | 治涝、排水工程中的泵站永久性水工建筑物级别,应根据设计流量及装机功率按表 4.5.3 确定。<br><br>**表 4.5.3 泵站永久性水工建筑物级别**<br><br>注 1:设计流量指建筑物所在断面的设计流量。<br>注 2:装机功率指泵站包括备用机组在内的单站装机功率。<br>注 3:当泵站按分级指标分属两个不同级别时,按其中高者确定。<br>注 4:由连续多级泵站串联组成的泵站系统,其级别可按系统总装机功率确定。 |

**表 4.5.3 泵站永久性水工建筑物级别**

| 设计流量/(m³/s) | 装机功率/MW | 主要建筑物 | 次要建筑物 |
|---|---|---|---|
| ≥200 | ≥30 | 1 | 3 |
| <200,≥50 | <30,≥10 | 2 | 3 |
| <50,≥10 | <10,≥1 | 3 | 4 |
| <10,≥2 | <1,≥0.1 | 4 | 5 |
| <2 | <0.1 | 5 | 5 |

续表

| 9 | 4.6.1 | 灌溉工程中的渠道及渠系永久性水工建筑物级别，应根据设计灌溉流量按表4.6.1确定。 表 4.6.1　灌溉工程永久性水工建筑物级别 | |
| --- | --- | --- | --- |

表 4.6.1　灌溉工程永久性水工建筑物级别

| 设计灌溉流量/(m³/s) | 主要建筑物 | 次要建筑物 |
| --- | --- | --- |
| ≥300 | 1 | 3 |
| <300,≥100 | 2 | 3 |
| <100,≥20 | 3 | 4 |
| <20,≥5 | 4 | 5 |
| <5 | 5 | 5 |

| 10 | 4.6.2 | 灌溉工程中的泵站永久性水工建筑物级别，应根据设计流量及装机功率按表4.5.3确定。 |
| --- | --- | --- |

续表

| 11 | 4.7.1 | 供水工程永久性水工建筑物级别,应根据设计流量按表 4.7.1 确定。供水工程中的泵站永久性水工建筑物级别,应根据设计流量及装机功率按表 4.7.1 确定。<br><br>**表 4.7.1　供水工程的永久性水工建筑物级别**<br><br>注 1:设计流量指建筑物所在断面的设计流量。<br>注 2:装机功率指泵站包括备用机组在内的单站装机功率。<br>注 3:泵站建筑物按分级指标分属两个不同级别时,按其中高者确定。<br>注 4:由连续多级泵站串联组成的泵站系统,其级别可按系统总装机功率确定。 |  |  |

**表 4.7.1　供水工程的永久性水工建筑物级别**

| 设计流量<br>/(m³/s) | 装机功率<br>/MW | 主要<br>建筑物 | 次要<br>建筑物 |
|---|---|---|---|
| ≥50 | ≥30 | 1 | 3 |
| <50,≥10 | <30,≥10 | 2 | 3 |
| <10,≥3 | <10,≥1 | 3 | 4 |
| <3,≥1 | <1,≥0.1 | 4 | 5 |
| <1 | <0.1 | 5 | 5 |

续表

| 12 | 4.8.1 | 水利水电工程施工期间使用的临时性挡水、泄水等水工建筑物的级别，应根据保护对象、失事后果、使用年限和临时性挡水建筑物规模，按表 4.8.1 确定。<br><br>**表 4.8.1　临时性水工建筑物级别** | | | | | |
|---|---|---|---|---|---|---|---|

**表 4.8.1　临时性水工建筑物级别**

| 级别 | 保护对象 | 失事后果 | 使用年限/年 | 临时性挡水建筑物规模 | |
|---|---|---|---|---|---|
| | | | | 围堰高度/m | 库容/10⁸ m³ |
| 3 | 有特殊要求的 1 级永久性水工建筑物 | 淹没重要城镇、工矿企业、交通干线或推迟工程总工期及第一台（批）机组发电，推迟工程发挥效益、造成重大灾害和损失 | >3 | >50 | >1.0 |
| 4 | 1 级、2 级永久性水工建筑物 | 淹没一般城镇、工矿企业或影响工程总工期和第一台（批）机组发电，推迟工程发挥效益、造成较大经济损失 | ≤3，≥1.5 | ≤50，≥15 | ≤1.0，≥0.1 |
| 5 | 3 级、4 级永久性水工建筑物 | 淹没基坑，但对总工期影响及第一台（批）机组发电影响不大，对工程发挥效益影响不大、经济损失较小 | <1.5 | <15 | <0.1 |

续表

| 13 | 4.8.2 | 当临时性水工建筑物根据表4.8.1中指标分属不同级别时，应取其中最高级别。但列为3级临时性水工建筑物时，符合该级别规定的指标不得少于两项。 | |

强条汇编章节　4-1-2

| 标准名称 | 《水利水电工程进水口设计规范》 | 标准编号 SL 285—2020 |
| --- | --- | --- |
| 序号 | 条款号 | 强制性条文内容 | 执行情况 |
| | | | 符合/不符合/不涉及 设计人签字 |

| 序号 | 条款号 | 强制性条文内容 | 执行情况 |
| --- | --- | --- | --- |
| 1 | 3.1.12 | 进水口工作平台的超高值采用波浪计算高度及安全加高值之和，其中安全加高值应按表3.1.12采用，对于整体布置的进水口应与挡水建筑物相协调。 | |

表 3.1.12　进水口工作平台安全加高值　　单位：m

| 特征 进水口建筑物级别 挡水位 | 1级 | 2级 | 3级 | 4级、5级 |
| --- | --- | --- | --- | --- |
| 设计水位 | 0.70 | 0.50 | 0.40 | 0.30 |
| 校核水位 | 0.50 | 0.40 | 0.30 | 0.20 |

续表

| 2 | 6.3.3 | 进水口抗滑稳定安全系数应符合下列规定：<br>1 整体布置进水口的抗滑稳定安全系数应与大坝、河床式水电站和拦河闸等枢纽工程主体建筑物相同。<br>2 对于独立布置进水口，当建基面为岩石地基时，沿建基面抗滑稳定安全系数应不小于表6.3.3规定的数值。<br><br>表6.3.3 独立布置进水口抗滑稳定安全系数 |
| :--: | :--: | :-- |

表6.3.3 独立布置进水口抗滑稳定安全系数

| 抗剪断强度计算 | | | 抗剪强度计算 | | |
| :--: | :--: | :--: | :--: | :--: | :--: |
| 基本组合 | 特殊组合I | 特殊组合II | 基本组合 | 特殊组合I | 特殊组合II |
| 3.00 | 2.50 | 2.30 | 1.10 | 1.05 | 1.00 |

| 3 | 6.3.4 | 进水口抗浮稳定计算应符合下列规定：<br>1 进水口抗浮稳定安全系数应不小于1.1。 |
| :--: | :--: | :-- |
| 4 | 6.3.7 | 进水口建基面法向应力应符合下列规定：<br>1 整体布置进水口建基面应力标准应与大坝、河床式水电站或拦河闸等枢纽工程主体建筑物相同。<br>2 对于独立布置进水口，当建基面为岩石地基时，建基面法向应力应符合下列规定：<br>1）在各种荷载组合下（地震情况除外），建基面法向应力不应出现拉应力，法向压应力不应大于塔身混凝土容许压应力以及地基允许承载力。 |

| 强条汇编章节 | | 4-1-3 | | |
|---|---|---|---|---|
| 标准名称 | | 《水工挡土墙设计规范》 | 标准编号 | SL 379—2007 |
| 序号 | 条款号 | 强制性条文内容 | 执行情况<br>符合／<br>不符合／<br>不涉及 | 设计人签字 |
| 1 | 3.1.1 | 水工建筑物中的挡土墙级别，应根据所属水工建筑物级别按表 3.1.1 确定。<br>**表 3.1.1 水工建筑物中的挡土墙级别划分**<br><table><tr><td>所属水工建筑物级别</td><td>主要建筑物中的挡土墙级别</td><td>次要建筑物中的挡土墙级别</td></tr><tr><td>1</td><td>1</td><td>3</td></tr><tr><td>2</td><td>2</td><td>3</td></tr><tr><td>3</td><td>3</td><td>4</td></tr></table>注：主要建筑物中的挡土墙是指一旦失事将直接危及所属水工建筑物安全或严重影响工程效益的挡土墙；次要建筑物中的挡土墙是指失事后不致直接危及所属水工建筑物安全或对工程效益影响不大并且易于修复的挡土墙。 | | |
| 2 | 3.1.4 | 位于防洪（挡潮）堤上具有直接防洪（挡潮）作用的水工挡土墙，其级别不应低于所属防洪（挡潮）堤的级别。 | | |

续表

| 强条汇编章节 | | | 强制性条文内容 | 执行情况（符合/不符合/不涉及） | 标准编号 SL 386—2007 / 设计人签字 |
|---|---|---|---|---|---|
| 序号 | 标准名称 | 条款号 | | | |
| 1 | 《水利水电工程边坡设计规范》 | 3.2.2 | 边坡的级别应根据相关水工建筑物的级别及边坡与水工建筑物的相互间关系，并对边坡造成的影响进行论证后按表3.2.2的规定确定。<br><br>表3.2.2　边坡的级别与水工建筑物的对照关系<br><br>（见下表）<br><br>注1：严重：相关水工建筑物完全破坏或功能完全丧失。<br>注2：较严重：相关水工建筑物遭到较大的破坏或功能受到比较大的影响，需进行专门的除险加固后才能投入正常运用。<br>注3：不严重：相关水工建筑物遭到一些破坏或功能受到一些影响，及时修复后仍能使用。<br>注4：较轻：相关水工建筑物仅受到很小的影响或间接地受到影响。 | | |

表3.2.2　边坡的级别与水工建筑物的对照关系

| 建筑物级别 | 对水工建筑物的危害程度 | | | |
|---|---|---|---|---|
| | 严重 | 较严重 | 不严重 | 较轻 |
| | 边坡级别 | | | |
| 1 | 1 | 2 | 3 | 4,5 |
| 2 | 2 | 3 | 4 | 5 |
| 3 | 3 | 4 | 5 | 5 |
| 4 | 4 | 5 | 5 | 5 |

续表

| 2 | 3.2.3 | 若边坡的破坏与两座及其以上水工建筑物安全有关,应分别按照 3.2.2 条的规定确定边坡级别,并以最高的边坡级别为准。 |

强条汇编章节

| 标准名称 | 《调水工程设计导则》 | 标准编号 SL 430—2008 | 4-1-5 |

| 序号 | 条款号 | 强制性条文内容 | 执行情况 | 符合/不符合/不涉及 | 设计人签字 |
| --- | --- | --- | --- | --- | --- |
| 1 | 9.2.1 | 调水工程的等别,应根据工程规模、供水对象在地区经济社会中的重要性,按表 9.2.1 综合研究确定。 | | | |

表 9.2.1 调水工程分等指标

| 工程等别 | 工程规模 | 供水对象重要性 | 分等指标 | | |
| --- | --- | --- | --- | --- | --- |
| | | | 引水流量/(m³/s) | 年引水量/10⁸ m³ | 灌溉面积/10⁴ 亩 |
| I | 大(1)型 | 特别重要 | ≥50 | ≥10 | ≥150 |
| II | 大(2)型 | 重要 | 50~10 | 10~3 | 150~50 |
| III | 中型 | 中等 | 10~2 | 3~1 | 50~5 |
| IV | 小型 | 一般 | <2 | <1 | <5 |

续表

| 2 | 9.2.2 | 以城市供水为主的调水工程,应按供水对象重要性,引水流量和年引水量三个指标拟定工程等别,确定工程等别时至少应有两项指标符合要求。以农业灌溉为主的调水工程,应按灌溉面积指标确定工程等别。 | | |

4-1-6

强条汇编章节

| 标准名称 | 《水利水电工程施工导流设计规范》 | 标准编号 | SL 623—2013 |
| --- | --- | --- | --- |
| 序号 | 条款号 | 强制性条文内容 | 执行情况<br>符合/<br>不符合/<br>不涉及 | 设计人签字 |
| 1 | 3.1.1 | 导流建筑物应根据其保护对象、失事后果、使用年限和围堰工程规模划分为3～5级,具体按表3.1.1确定。 | | |

表 3.1.1　导流建筑物级别划分

| 级别 | 保护对象 | 失事后果 | 使用年限/年 | 导流建筑物规模 | |
| --- | --- | --- | --- | --- | --- |
| | | | | 闸堰高度/m | 库容/$10^8$ m³ |
| 3 | 有特殊要求的 1 级永久性水工建筑物 | 淹没重要城镇、工矿企业、交通干线或推迟工程总工期及第一台（批）机组发电，造成重大灾害和损失 | >3 | >50 | >1.0 |
| 4 | 1 级、2 级永久性水工建筑物 | 淹没一般城镇、工矿企业或影响工程总工期和第一台（批）机组发电，造成较大经济损失 | 1.5~3 | 15~50 | 0.1~1.0 |
| 5 | 3 级、4 级永久性水工建筑物 | 淹没基坑，但对总工期及第一台（批）机组发电影响不大，经济损失较小 | <1.5 | <15 | <0.1 |

注 1：导流建筑物包括挡水和泄水建筑物，联合运用的挡水和泄水建筑物级别一般相同。

注 2：表列四项指标均按导流分期划分，保护对象一栏中所列永久性水工建筑物级别按 SL 252 划分。

注 3：有、无特殊要求的永久性水工建筑物系针对施工期而言，有特殊要求的 1 级永久性水工建筑物施工期不应过水及其他有特殊要求的永久性水工建筑物。

注 4：使用年限系指导流建筑物每一导流分期的工作年限，两个或两个以上导流分期共用的导流建筑物，其使用用年限不能叠加计算。

注 5：导流建筑物规模一栏中，围堰高度指挡水围堰最大高度指挡水围堰前设计水位所拦蓄的水量，两者应同时满足。

续表

| 2 | 3.1.2 | 当导流建筑物根据表3.1.1指标分属不同级别时，应以其中最高级别为准。但列为3级导流建筑物时，至少应有两项指标符合要求。 |
| 3 | 3.1.4 | 应根据不同的导流分期按表3.1.1划分导流建筑物级别；同一导流分期中的各导流建筑物，应根据其不同作用划分。 |
| 4 | 3.1.6 | 过水围堰级别应按表3.1.1确定，该表中的各项指标以过水围堰挡水情况作为衡量依据。 |
| 5 | 3.2.2 | 当导流建筑物与永久建筑物结合时，导流建筑物设计级别与洪水标准仍应按表3.1.1及表3.2.1的规定执行；但成为永久建筑物部分的结构设计采用永久建筑物级别标准。 |

表3.2.1 导流建筑物设计洪水标准 单位：重现期（年）

| 导流建筑物类型 | 导流建筑物级别 | | |
| --- | --- | --- | --- |
| | 3 | 4 | 5 |
| 土石结构 | 50~20 | 20~10 | 10~5 |
| 混凝土、浆砌石结构 | 20~10 | 10~5 | 5~3 |

| 强条汇编章节 | | | | 4-1-7 | | 标准编号 | SL 645—2013 |
|---|---|---|---|---|---|---|---|
| 标准名称 | | | | 《水利水电工程围堰设计规范》 | | | |
| 条款号 | | | 强制性条文内容 | | 执行情况 | 符合/不符合/不涉及 | 设计人签字 |
| 序号 | 条款号 | | 围堰级别应根据其保护对象、失事后果、使用年限和围堰工程规模划分为 3 级、4 级、5 级，具体按表 3.0.1 确定。<br><br>表 3.0.1 围堰级别划分表 | | | | |
| 1 | 3.0.1 | | 级别 | 保护对象 | 失事后果 | 使用年限/年 | 围堰工程规模<br>围堰高度/m 库容/$10^8$ m³ |
| | | | 3 | 有特殊要求的 1 级永久性水工建筑物 | 淹没重要城镇、工矿企业、交通干线或推迟工程总工期及第一台（批）机组发电，造成重大灾害和损失 | >3 | >50　>1.0 |
| | | | 4 | 1 级、2 级永久性水工建筑物 | 淹没一般城镇、工矿企业或影响工程总工期和第一台（批）机组发电，造成较大经济损失 | 1.5~3 | 15~50　0.1~1.0 |
| | | | 5 | 3 级、4 级永久性水工建筑物 | 淹没基坑，但对总工期及第一台（批）机组发电影响不大，经济损失较小 | <1.5 | <15　<0.1 |

续表

| | | |
|---|---|---|
| | | 注1：表列四项指标均按导流分期划分，保护对象一栏中所列永久性水工建筑物级别系按 SL 252 划分。<br>注2：有、无特殊要求的永久性水工建筑物系针对施工期而言，有特殊要求的1级永久性水工建筑物系施工期不应过水的土石坝及其他有特殊要求的永久性水工建筑物。<br>注3：使用年限系指围堰每一导流分期的工作年限，两个或两个以上导流分期共用的围堰，如分期导流一期、二期共用的纵向围堰，其使用年限不能叠加计算。<br>注4：围堰工程规模一栏中，围堰高度指挡水围堰最大高度，库容指围堰前设计水位所拦蓄的水量，两者应同时满足。 |
| 2 | 3.0.2 | 当围堰工程根据表3.0.1指标分属不同级别时，应以其中最高级别为准。但列为3级建筑物时，至少应有两项指标符合要求。 |
| 3 | 3.0.4 | 当围堰与永久性水建筑物结合时，结合部分的结构设计应采用永久建筑物级别标准。 |
| 4 | 3.0.5 | 过水围堰应按表3.0.1确定建筑物级别，表中各项指标应以挡水期工况作为衡量依据。 |

**附表 E.5　水利工程勘测设计项目执行强制性条文情况检查表（工程设计——洪水标准和安全超高）**

| 设计阶段 | 初步设计、施工图设计 | | |
|---|---|---|---|
| 设计文件及编号 | | | |
| 检查专业 | □水文　□勘测　□规划　□水工　□机电与金属结构<br>□环境保护　□水土保持　□征地移民　□劳动安全与卫生　□其他 | | |
| 强条汇编章节 | 4-2-1-1 | | |
| 标准名称 | 《水利水电工程等级划分及洪水标准》 | 标准编号 | SL 252—2017 |
| 条款号 | 强制性条文内容 | 执行情况 | |
| | | 符合/不符合<br>/不涉及 | 设计人签字 |
| 序号 | 条款号 | 强制性条文内容 | |
| 1 | 5.2.1 | 山区、丘陵区水库工程的永久性水工建筑物的洪水标准，应按表5.2.1确定。 | |

表 5.2.1　山区、丘陵区水库工程永久性水工建筑物洪水标准

| 项　目 | | 永久性水工建筑物级别 | | | | |
|---|---|---|---|---|---|---|
| | | 1 | 2 | 3 | 4 | 5 |
| 设计[重现期（年）] | | 1000~500 | 500~100 | 100~50 | 50~30 | 30~20 |
| 校核洪水标准[重现期（年）] | 土石坝 | 可能最大洪水（PMF）或10000~5000 | 5000~2000 | 2000~1000 | 1000~500 | 500~200 |
| | 混凝土坝、浆砌石坝 | 5000~2000 | 2000~1000 | 1000~500 | 500~200 | 200~100 |

续表

| 2 | 5.2.2 | 平原、滨海区水库工程的永久性水工建筑物的洪水标准，应按表5.2.2确定。<br><br>表 5.2.2　平原、滨海区水库工程永久性水工建筑物洪水标准<br><br>| 项　目 | 永久性水工建筑物级别 |||||<br>| | 1 | 2 | 3 | 4 | 5 |<br>| 设计<br>/[重现期（年）] | 300～100 | 100～50 | 50～20 | 20～10 | 10 |<br>| 校核洪水标准<br>/[重现期（年）] | 2000～<br>1000 | 1000～<br>300 | 300～<br>100 | 100～<br>50 | 50～<br>20 | | |
| 3 | 5.2.7 | 平原、滨海区水库工程的永久性泄水建筑物消能防冲设计洪水标准，应与相应级别泄水建筑物的洪水标准一致，按表 5.2.2 确定。 | |

续表

| 4 | 5.2.8 | 水电站厂房永久性水工建筑物洪水标准,应根据其级别,按表5.2.8确定。河床式水电站厂房挡水部分或水电站厂房进水口作为挡水结构组成部分的洪水标准,应与工程水前沿永久性水工建筑物的洪水标准一致,按表5.2.1确定。<br><br>表5.2.8 水电站厂房永久性水工建筑物洪水标准 |
|---|---|---|

表5.2.8 水电站厂房永久性水工建筑物洪水标准

| 水电站厂房级别 | | 1 | 2 | 3 | 4 | 5 |
|---|---|---|---|---|---|---|
| 山区、丘陵区/[重现期(年)] | 设计 | 200 | 200~100 | 100~50 | 50~30 | 30~20 |
| | 校核 | 1000 | 500 | 200 | 100 | 50 |
| 平原、滨海区/[重现期(年)] | 设计 | 300~100 | 100~50 | 50~20 | 20~10 | 10 |
| | 校核 | 2000~1000 | 1000~300 | 300~100 | 100~50 | 50~20 |

续表

水库工程导流泄水建筑物封堵期间，进口临时挡水设施的洪水标准应与相应时段的大坝施工期洪水标准一致。水库工程导流泄水建筑物封堵后，如永久泄洪建筑物尚未具备设计泄洪能力，坝体洪水标准应分析坝体施工和运行要求后按表5.2.10确定。

表5.2.10 水库工程导流泄水建筑物封堵后坝体洪水标准

| 坝型 | | 大坝级别 | | |
| --- | --- | --- | --- | --- |
| | | 1 | 2 | 3 |
| 混凝土坝、浆砌石坝/[重现期（年）] | 设计 | 200～100 | 100～50 | 50～20 |
| | 校核 | 500～200 | 200～100 | 100～50 |
| 土石坝/[重现期（年）] | 设计 | 500～200 | 200～100 | 100～50 |
| | 校核 | 1000～500 | 500～200 | 200～100 |

5 | 5.2.10

续表

| 6 | 5.3.1 | 拦河闸、挡潮闸挡水建筑物及其消能防冲建筑物设计洪（潮）水标准，应根据其建筑物级别按表5.3.1确定。<br><br>表5.3.1 拦河闸、挡潮闸永久性水工建筑物洪（潮）水标准<br><br>| 永久性水工建筑物级别 | 1 | 2 | 3 | 4 | 5 |<br>| --- | --- | --- | --- | --- | --- |<br>| 洪水标准/<br>[重现期（年）] 设计 | 100~50 | 50~30 | 30~20 | 20~10 | 10 |<br>| 校核 | 300~200 | 200~100 | 100~50 | 50~30 | 30~20 |<br>| 潮水标准/<br>[重现期（年）] | ≥100 | 100~50 | 50~30 | 30~20 | 20~10 |<br><br>注：对具有挡潮工况的永久性水工建筑物按表中潮水标准执行。 | |
| 7 | 5.3.2 | 潮汐河口段和滨海区水利水电工程永久性水工建筑物的潮水标准，应根据其建筑物级别按表5.3.1确定。对于1级、2级永久性水工建筑物，若确定的设计潮水位低于当地历史最高潮水位时，应按当地历史最高潮水位校核。 | |

续表

| 8 | 5.5.1 | 治涝、排水、灌溉和供水工程永久性水工建筑物的设计洪水标准，应根据其级别按表5.5.1确定。<br><br>表5.5.1 治涝、排水、灌溉和供水工程永久性水工建筑物设计洪水标准 |
|---|---|---|

| 建筑物级别 | 1 | 2 | 3 | 4 | 5 |
|---|---|---|---|---|---|
| 设计[重现期（年）] | 100~50 | 50~30 | 30~20 | 20~10 | 10 |

| 9 | 5.5.3 | 治涝、排水、灌溉和供水工程中泵站永久性水工建筑物的洪水标准，应根据其级别按表5.5.3确定。<br><br>表5.5.3 治涝、排水、灌溉和供水工程泵站永久性水工建筑物洪水标准 |
|---|---|---|

| 永久性水工建筑物级别 | | 1 | 2 | 3 | 4 | 5 |
|---|---|---|---|---|---|---|
| 洪水标准<br>[重现期（年）] | 设计 | 100 | 50 | 30 | 20 | 10 |
| | 校核 | 300 | 200 | 100 | 50 | 20 |

续表

| 10 | 5.6.1 | 临时性水工建筑物洪水标准，应根据建筑物的结构类型和级别，按表5.6.1的规定综合分析确定。临时性水工建筑物失事后果严重时，应考虑发生超标准洪水时的应急措施。 表 5.6.1 临时性水工建筑物洪水标准

| 建筑物结构类型 | 临时性水工建筑物级别 | | |
| --- | --- | --- | --- |
| | 3 | 4 | 5 |
| 土石结构 /[重现期（年）] | 50～20 | 20～10 | 10～5 |
| 混凝土、浆砌石结构 /[重现期（年）] | 20～10 | 10～5 | 5～3 |

续表

| 强条汇编章节 | | | 标准名称 | 《水电站厂房设计规范》 | | 标准编号 | SL 266—2014 |
|---|---|---|---|---|---|---|---|
| 序号 | 条款号 | | 强制性条文内容 | | 执行情况 | 符合/不符合/不涉及 | 设计人签字 |
| 1 | 3.2.1 | | 水电站厂房（包括厂区建筑物）应按其工程等级及挡水条件采取下列相应的洪水标准：<br>1 壅水厂房兼作为枢纽挡水建筑物，其防洪标准应与该枢纽工程挡水建筑物的防洪标准相一致。<br>2 非壅水厂房的防洪标准应按表3.2.1的规定确定。<br>表3.2.1 非壅水厂房的洪水标准 | | | | |

表3.2.1 非壅水厂房的洪水标准

| 建筑物级别 | 洪水/[重现期（年）] | |
|---|---|---|
| | 设计洪水 | 校核洪水 |
| 1 | 200 | 1000 |
| 2 | 200~100 | 500 |
| 3 | 100~50 | 200 |

| 强条汇编章节 | | | 4-2-1-3 | | 执行情况 | 标准编号 | SL 430—2008 |
|---|---|---|---|---|---|---|---|
| 标准名称 | | | 《调水工程设计导则》 | | | 符合/不符合/不涉及 | 设计人签字 |
| 序号 | 条款号 | | 强制性条文内容 | | | | |
| 1 | 9.2.8 | | 调水工程永久性水工建筑物洪水标准，应根据其级别按表9.2.8确定。 | | | | |

表9.2.8 调水工程永久性水工建筑物洪水标准

| 水工建筑物级别 | 洪水/[重现期（年）] | |
|---|---|---|
| | 设计 | 校核 |
| 1 | 100~50 | 300~200 |
| 2 | 50~30 | 200~100 |
| 3 | 30~20 | 100~50 |
| 4 | 20~10 | 50~30 |
| 5 | 10 | 30~20 |

续表

| 强条汇编章节 | | 4-2-1-4 | | |
|---|---|---|---|---|
| 标准名称 | | 《水利水电工程水文自动测报系统设计规范》 | | 标准编号 SL 566—2012 |
| 序号 | 条款号 | 强制性条文内容 | 执行情况 符合/不符合/不涉及 | 设计人签字 |
| 1 | 11.1.3 | 水位站应满足防洪标准和测洪标准的要求。水位站的防洪标准和测洪标准，应按表 11.1.3 的规定执行。<br>表 11.1.3　水位站防洪标准和测洪标准<br><br>水位站类别 / 防洪标准 / 测洪标准<br>水库、闸坝 / 校核洪水 / 校核洪水位<br>河道、湖泊 / 高于 50 年一遇洪水或相应于堤顶高程时的洪水 / 高于 50 年一遇洪水位或堤顶高程 | | |

| 强条汇编章节 | | 4-2-1-5 | | |
|---|---|---|---|---|
| 标准名称 | | 《水利水电工程施工导流设计规范》 | | 标准编号 SL 623—2013 |
| 序号 | 条款号 | 强制性条文内容 | 执行情况 符合/不符合/不涉及 | 设计人签字 |

续表

| 1 | 导流建筑物设计洪水标准应根据建筑物的类型和级别在表3.2.1规定幅度内选择。同一导流分期各导流建筑物的洪水标准应相同，以主要挡水建筑物的设计洪水标准为准。 |
|---|---|

3.2.1

表 3.2.1　导流建筑物设计洪水标准

| 导流建筑物类型 | 导流建筑物级别 | | |
|---|---|---|---|
| | 3 | 4 | 5 |
| 土石结构/[重现期(年)] | 50~20 | 20~10 | 10~5 |
| 混凝土、浆砌石结构/[重现期(年)] | 20~10 | 10~5 | 5~3 |

| 2 | 当坝体施工高程超过围堰堰顶高程时，坝体临时度汛洪水标准应根据坝型及坝前拦洪库容按表3.3.1的规定执行。 |
|---|---|

3.3.1

表 3.3.1　坝体施工期临时度汛洪水标准

| 坝型 | 拦洪库容/$10^8$ m³ | | | |
|---|---|---|---|---|
| | >10.0 | 10.0~1.0 | 1.0~0.1 | <0.1 |
| 土石坝/[重现期(年)] | ≥200 | 200~100 | 100~50 | 50~20 |
| 混凝土、浆砌石坝/[重现期(年)] | ≥100 | 100~50 | 50~20 | 20~10 |

续表

| 序号 | | 内容 |
|---|---|---|
| 3 | 3.3.2 | 导流泄水建筑物全部封堵后，如永久泄洪建筑物尚未具备设计泄洪能力，坝体度汛洪水标准应在分析坝体施工和运行要求后按表 3.3.2 的规定执行。汛前坝体上升高度应满足拦洪要求，帷幕灌浆及接缝灌浆高程应满足蓄水要求。 |

表 3.3.2　导流泄水建筑物封堵后坝体度汛洪水标准

| 坝型 | | 大坝级别 | | |
|---|---|---|---|---|
| | | 1 | 2 | 3 |
| 土石坝 /[重现期(年)] | 设计 | 500~200 | 200~100 | 100~50 |
| | 校核 | 1000~500 | 500~200 | 200~100 |
| 混凝土坝、浆砌石坝 /[重现期(年)] | 设计 | 200~100 | 100~50 | 50~20 |
| | 校核 | 500~200 | 200~100 | 100~50 |

| 序号 | | 内容 |
|---|---|---|
| 4 | 10.2.1 | 对导流建筑物级别为 3 级且失事后果严重的工程，应提出发生超标准洪水时的预案。 |

续表

| 强条汇编章节 | | | | | 4-2-1-6 | |
|---|---|---|---|---|---|---|
| 标准名称 | | 《水利水电工程围堰设计规范》 | | | 标准编号 | SL 645—2013 |
| 序号 | 条款号 | 强制性条文内容 | 执行情况 | | 符合/不符合/不涉及 | 设计人签字 |
| 1 | 3.0.9 | 围堰工程设计洪水标准应根据建筑物的类型和级别在表3.0.9规定幅度内选择。对围堰级别为3级且失事后果严重的工程，应提出发生超标准洪水时的工程应急措施。 | | | | |

表3.0.9 围堰工程洪水标准

| 围堰类型 | 围堰工程级别 | | |
|---|---|---|---|
| | 3 | 4 | 5 |
| 土石结构 [重现期（年）] | 50～20 | 20～10 | 10～5 |
| 混凝土、浆砌石结构 [重现期（年）] | 20～10 | 10～5 | 5～3 |

| 强条汇编章节 | | | | | 4-2-1-7 | |
|---|---|---|---|---|---|---|
| 标准名称 | | 《土石坝施工组织设计规范》 | | | 标准编号 | SL 648—2013 |
| 序号 | 条款号 | 强制性条文内容 | 执行情况 | | 符合/不符合/不涉及 | 设计人签字 |

续表

| 序号 | 条款号 | 强制性条文内容 | 执行情况 |
|---|---|---|---|

| 1 | 3.0.4 | 由坝体拦洪度汛时，应根据当年坝体设计填筑高程所形成的坝前拦洪库容，按表3.0.4确定度汛标准。 | |

表 3.0.4 坝体施工期临时度汛设计洪水标准

| 拦洪库容/10^8 m³ | ≥1.0 | 1.0～0.1 | ＜0.1 |
|---|---|---|---|
| 重现期/年 | ≥100 | 100～50 | 50～20 |

4-2-2-1

强条汇编章节

| | | | 执行情况 | 标准编号 |
|---|---|---|---|---|
| 标准名称 | | 《泵站设计标准》 | 符合/不符合/不涉及 | GB 50265—2022 |
| 条款号 | | | | 设计人签字 |

| 序号 | 条款号 | 强制性条文内容 | | | | | |
|---|---|---|---|---|---|---|---|

| 1 | 7.1.3 | 泵房挡水部位顶部高程不应低于设计，校核运用情况挡水位加波浪，壅浪计算高度与相应安全加高度之和的大值。泵房安全加高值不应小于表7.1.3的规定。 | | | | | |

表 7.1.3 泵房挡水部位顶部安全加高值 单位：m

| 运用情况 | 泵站建筑物级别 | | | |
|---|---|---|---|---|
| | 1 | 2 | 3 | 4,5 |
| 设计 | 0.7 | 0.5 | 0.4 | 0.3 |
| 校核 | 0.5 | 0.4 | 0.3 | 0.2 |

注：设计运用情况系指泵站在设计运行水位在设计运行水位设计洪水位运用的情况，校核运用情况系指泵站在最高运行洪水位时运用的情况。

续表

**4-2-2-2**

| 强条汇编章节 | | | | |
|---|---|---|---|---|
| 标准名称 | 《溢洪道设计规范》 | | 标准编号 | SL 253—2018 |
| 条款号 | 强制性条文内容 | 执行情况 | 符合/不符合/不涉及 | 设计人签字 |
| 序号 | | | | |
| 1<br>3.3.9 | 控制段闸墩及岸墙顶部高程应满足下列要求：<br>　1　在宣泄校核洪水时不应低于校核洪水位加安全加高值。<br>　2　挡水时不应低于设计洪水位加波浪计算高度和安全加高值。<br>　3　溢洪道紧靠坝肩时，控制段顶部高程应与大坝坝顶高程协调。<br>　4　安全加高下限值按表3.3.9选取。<br><br>表3.3.9　安全加高下限值　　　　单位：m<br><br>控制段建筑物级别<br><br>| 运用工况 | 1级 | 2级 | 3级 |<br>\|---\|---\|---\|---\|<br>\| 挡水 \| 0.7 \| 0.5 \| 0.4 \|<br>\| 泄洪 \| 0.5 \| 0.4 \| 0.3 \| | | | |

**4-2-2-3**

| 强条汇编章节 | | | | |
|---|---|---|---|---|
| 标准名称 | 《水闸设计规范》 | | 标准编号 | SL 265—2016 |
| 条款号 | 强制性条文内容 | 执行情况 | 符合/不符合/不涉及 | 设计人签字 |
| 序号 | | | | |

续表

| 1 | 4.2.4 | 水闸闸顶计算高程应根据挡水和泄水运用情况确定。挡水时，闸顶高程不应低于水闸正常蓄水位或最高挡水位加波浪计算高度与相应安全加高值之和；泄水时，闸顶高程不应低于设计洪水位或校核洪水位与相应安全加高值之和。水闸安全加高值应符合表 4.2.4 的规定。<br><br>表 4.2.4　水闸安全加高下限值　　　　单位：m |
|---|---|---|

| 运用情况 | | 水闸级别 | | | |
|---|---|---|---|---|---|
| | | 1 级 | 2 级 | 3 级 | 4 级、5 级 |
| 挡水时 | 正常蓄水位 | 0.7 | 0.5 | 0.4 | 0.3 |
| | 最高挡水位 | 0.5 | 0.4 | 0.3 | 0.2 |
| 泄水时 | 设计洪水位 | 1.5 | 1.0 | 0.7 | 0.5 |
| | 校核洪水位 | 1.0 | 0.7 | 0.5 | 0.4 |

| 2 | 4.2.5 | 位于防洪、挡潮堤上的水闸，其闸顶高程不应低于防洪、挡潮堤堤顶高程。 |
|---|---|---|

| 强条汇编章节 | 标准名称 | 《碾压式土石坝设计规范》 | | 标准编号 | SL 274—2020 |
|---|---|---|---|---|---|

4-2-2-4

| 序号 | 条款号 | 强制性条文内容 | 执行情况 | 符合/不符合/不涉及 | 设计人签字 |
|---|---|---|---|---|---|
| 1 | 5.3.1 | 坝顶在水库静水位以上的超高应按公式(5.3.1)确定： $$y=R+e+A \qquad (5.3.1)$$ 式中 $y$——坝顶超高，m；<br>$R$——最大波浪在坝坡上的爬高，m，可按附录A计算；<br>$e$——最大风壅水面高度，m，可按附录A计算；<br>$A$——安全加高，m，按表5.3.1确定。<br><br>表5.3.1 安全加高A值　单位：m<br><br>下表 | | | |

| 坝的级别 | 1级 | 2级 | 3级 | 4级、5级 |
|---|---|---|---|---|
| 正常运用条件 | 1.50 | 1.00 | 0.70 | 0.50 |
| 非常运用条件 山区、丘陵区 | 0.70 | 0.50 | 0.40 | 0.30 |
| 非常运用条件 平原、滨海区 | 1.00 | 0.70 | 0.50 | 0.30 |

| 序号 | 条款号 | 强制性条文内容 |
|---|---|---|
| 2 | 5.3.5 | 在正常运用条件下，坝顶应高出静水位0.5m；在非常运用条件下，坝顶应不低于静水位。 |

续表

| 3 | 5.3.7 | 坝顶应预留竣工后的沉降超高。 | | |
| 4 | 5.5.3 | 土质防渗体顶部高程确定应符合下列规定：<br>5 土质防渗体顶部应预留竣工后沉降超高。 | | |

强条汇编章节 4-2-2-5

| 标准名称 | 《混凝土拱坝设计规范》 | | 标准编号 | SL 282—2018 |
|---|---|---|---|---|
| 序号 | 条款号 | 强制性条文内容 | 执行情况<br>符合/不符合<br>/不涉及 | 设计人签字 |
| 1 | 10.1.1 | 坝顶高程应高于水库最高静水位。坝顶高程（或防浪墙顶高程）与水库正常蓄水位的高差或与校核洪水位的高差，应按公式（10.1.1）计算，应选择两者计算的大值确定坝顶高程（或防浪墙顶高程）。<br>$$\Delta h = h_{1\%} + h_z + h_c \quad (10.1.1)$$<br>式中 $\Delta h$——防浪墙顶与水库正常蓄水位或校核洪水位的高差，m；<br>$h_{1\%}$——累积频率1%的波高，m；<br>$h_z$——波浪中心线至水库正常蓄水位或校核洪水位的高差，m；<br>$h_c$——安全加高，m，按表10.1.1规定取值。<br>$h_{1\%}$、$h_z$的计算按SL 744的规定执行。 | | |

续表

表 10.1.1 安全加高 $h_c$  单位：m

| 水位 | 坝的级别 | | |
|---|---|---|---|
| | 1 级 | 2 级 | 3 级 |
| 正常蓄水位 | 0.7 | 0.5 | 0.4 |
| 校核洪水位 | 0.5 | 0.4 | 0.3 |

| 强条汇编章节 | | 4-2-2-6 |
|---|---|---|
| 标准名称 | 《水利水电工程进水口设计规范》 | 标准编号 | SL 285—2020 |

| 序号 | 条款号 | 强制性条文内容 | 执行情况 | | |
|---|---|---|---|---|---|
| | | | 符合/不符合/不涉及 | 设计人签字 |

| 1 | 3.1.12 | 进水口工作平台的超高值采用波浪计算高度及安全加高值之和,其中安全加高值应按表3.1.12采用,对于整体布置的进水口应与挡水建筑物相协调。 |

表 3.1.12 进水口工作平台安全加高值  单位：m

| 进水口建筑物级别 | 1 级 | 2 级 | 3 级 | 4 级、5 级 |
|---|---|---|---|---|
| 特征 | | | | |
| 设计水位 | 0.70 | 0.50 | 0.40 | 0.30 |
| 挡水水位 | 0.50 | 0.40 | 0.30 | 0.20 |

续表

| 强条汇编章节 | | 标准名称 | 《水利水电工程施工组织设计规范》 | | 4-2-2-7 | 标准编号 | SL 303—2017 |
|---|---|---|---|---|---|---|---|
| 序号 | 条款号 | 强制性条文内容 | | 执行情况 | | 符合/不符合/不涉及 | 设计人签字 |
| 1 | 2.4.20 | 不过水围堰堰顶高程和堰顶安全加高值应符合下列规定：<br>1 堰顶高程应不低于设计洪水的静水位与波浪高度及堰顶安全加高值之和，其堰顶安全加高应不低于表 2.4.20 的规定值。<br>2 土石围堰防渗体顶部在设计洪水静水位以上的加高值：斜墙式防渗体为 0.8～0.6 m；心墙式防渗体为 0.6～0.3 m。3 级土石围堰的防渗体顶部应预留完工后的沉降超高。<br>3 考虑涌浪或折冲水流影响，当下游有支流顶托时，应组合各种流量顶托情况，校核围堰堰顶高程。<br>4 形成冰塞、冰坝的河流应考虑其造成的壅水高度。<br><br>表 2.4.20　不过水围堰堰顶安全加高下限值　　单位：m<br><br>围堰型式／围堰级别：土石围堰 3 级 0.7，4～5 级 0.5；混凝土围堰、浆砌石围堰 3 级 0.4，4～5 级 0.3。 | | | | | |

| 围堰型式 | 围堰级别 | |
|---|---|---|
| | 3 级 | 4～5 级 |
| 土石围堰 | 0.7 | 0.5 |
| 混凝土围堰、浆砌石围堰 | 0.4 | 0.3 |

续表

| 序号 | 标准名称 条款号 | 强制性条文内容 | 执行情况 | 符合/不符合/不涉及 | 设计人签字 |
|---|---|---|---|---|---|
| | | | | 标准编号 | SL 319—2018 |
| 1 | 《混凝土重力坝设计规范》 4-2-2-8 4.2.1 | 坝顶高程应高于水库最高静水位。坝顶上游防浪墙顶的高程应高于波浪顶高程，其与正常蓄水位或校核洪水位的高差，可由公式（4.2.1）计算，应选择两者中防浪墙顶高程的高者作为最低高程。<br><br>$$\Delta h = h_{1\%} + h_z + h_c \qquad (4.2.1)$$<br><br>式中　$\Delta h$——防浪墙顶至正常蓄水位或校核洪水位的高差，m；<br>　$h_{1\%}$——累计频率1%的波高，m，按照 SL 744 的有关规定计算；<br>　$h_z$——波浪中心线至正常蓄水位或校核洪水位的高差，m，按照 SL 744 的有关规定计算；<br>　$h_c$——安全加高，按表 4.2.1 采用。<br><br>表 4.2.1　安全加高 $h_c$　　　　单位：m | | | |

表 4.2.1　安全加高 $h_c$　　　　单位：m

| 相应水位 | 坝的级别 | | |
|---|---|---|---|
| | 1 级 | 2 级 | 3 级 |
| 正常蓄水位 | 0.7 | 0.5 | 0.4 |
| 校核洪水位 | 0.5 | 0.4 | 0.3 |

| 强条汇编章节 | | 4-2-2-9 | | | | 执行情况 | 标准编号 | SL 379—2007 |
|---|---|---|---|---|---|---|---|---|
| 标准名称 | | 《水工挡土墙设计规范》 | | | | | 符合/不符合/不涉及 | 设计人签字 |
| 序号 | 条款号 | 强制性条文内容 | | | | | | |

不允许漫顶的水工挡土墙前有挡水或泄水要求时，墙顶的安全加高值不应小于表 3.2.2 规定的下限值。

表 3.2.2　水工挡土墙墙顶安全加高下限值　　单位：m

| 运用情况 | | 挡土墙级别 | | | |
|---|---|---|---|---|---|
| | | 1 | 2 | 3 | 4 |
| 挡水 | 正常挡水位 | 0.7 | 0.5 | 0.4 | 0.3 |
| | 最高挡水位 | 0.5 | 0.4 | 0.3 | 0.2 |
| 泄水 | 设计洪水位 | 1.5 | 1.0 | 0.7 | 0.5 |
| | 校核洪水位 | 1.0 | 0.7 | 0.5 | 0.4 |

序号 1　条款号 3.2.2

续表

4-2-2-10

| 强条汇编 | | | | 执行情况 | 符合/不符合/不涉及 | 设计人签字 |
|---|---|---|---|---|---|---|
| 序号 | 标准名称 | 条款号 | 强制性条文内容 | | 标准编号 | SL 623—2013 |
| | 《水利水电工程施工导流设计规范》 | | | | | |
| 1 | | 6.3.10 | 不过水围堰堰顶高程和堰顶安全加高值应符合下列规定：<br>1 堰顶高程不低于设计水位与波浪高度及堰顶安全加高值之和，其堰顶安全加高不低于表6.3.10中的值。<br>2 土石围堰防渗体顶部在设计洪水静水位以上的加高值：斜墙式防渗体为0.6～0.8m；心墙式防渗体为0.3～0.6m。3级土石围堰的防渗体顶部宜预留完工后的沉降超高。<br>3 考虑涌浪、折冲水流或下游支流顶托影响。<br>4 可能形成冰塞、冰坝时应考虑其造成的壅水高度。<br>表6.3.10 不过水围堰堰顶安全加高下限值　单位：m | | | |

表6.3.10 不过水围堰堰顶安全加高下限值　单位：m

| 围堰型式 | 围堰级别 | |
|---|---|---|
| | 3 | 4～5 |
| 土石围堰 | 0.7 | 0.5 |
| 混凝土围堰、浆砌石围堰 | 0.4 | 0.3 |

续表

强条汇编章节

| 标准名称 | 《水利水电工程围堰设计规范》 | 标准编号 | SL 645—2013 | | |
|---|---|---|---|---|---|
| 序号 | 条款号 | 强制性条文内容 | 执行情况 | 符合/不符合/不涉及 | 设计人签字 |
| 1 | 6.2.3 | 不过水围堰堰顶高程和堰顶安全加高值应符合下列要求：<br>1 堰顶高程应不低于设计洪水的静水位与波浪爬高及堰顶安全加高值之和，其堰顶安全加高应不低于表6.2.3规定值。<br>2 土石围堰防渗体顶部在设计洪水静水位以上的加高值：斜墙式防渗体为0.6～0.8 m；心墙式防渗体为0.3～0.6 m。3级土石围堰的防渗体顶部宜预留完工后的沉降超高。<br>3 考虑涌浪或折冲水流影响，当下游有支流顶托时，应组合各种流量顶托情况，校核围堰顶高程。<br>4 可能形成冰塞、冰坝的河流应考虑其造成的壅水高度。<br><br>表6.2.3 不过水围堰堰顶安全加高下限值　单位：m<br><br>| 围堰型式 | 围堰级别 3 | 4～5 |<br>| 土石围堰 | 0.7 | 0.5 |<br>| 混凝土围堰、浆砌石围堰 | 0.4 | 0.3 | | | |

4-2-2-11

附表 E.6　水利工程勘测设计项目执行强制性条文情况检查表（工程设计——稳定与强度）

| 设计阶段 | 初步设计、施工图设计 | | |
|---|---|---|---|
| 设计文件及编号 | | | |
| 检查专业 | □水文　□勘测　□规划　☑水工　□机电与金属结构<br>□环境保护　□水土保持　□征地移民　□劳动安全与卫生　☑其他 | | |
| 强条汇编章节 | 4-3-1 | | |
| 标准名称 | 《泵站设计标准》 | 标准编号 | GB 50265—2022 |
| 序号 | 条款号 | 强制性条文内容 | 执行情况　符合/不符合/不涉及　设计人签字 |

续表

| 序号 | 内容 |
|---|---|
| 1 (7.3.5) | 泵房沿基础底面抗滑稳定安全系数允许值应按表7.3.5采用。<br>表7.3.5　抗滑稳定安全系数允许值 |
| 2 (7.3.8) | 泵房抗浮稳定安全系数的允许值，不分泵站级别和地基类别，特殊荷载组合下不应小于1.10，基本荷载组合下不应小于1.05。 |

表7.3.5　抗滑稳定安全系数允许值

| 地基类别 | 荷载组合 | 泵站建筑物级别 | | | | 适用公式 |
|---|---|---|---|---|---|---|
| | | 1 | 2 | 3 | 4、5 | |
| 土基 | 基本组合 | 1.35 | 1.30 | 1.25 | 1.20 | 适用于公式(7.3.4-1) |
| | 特殊组合 I | 1.20 | 1.15 | 1.10 | 1.05 | (7.3.4-1) |
| | 特殊组合 II | 1.10 | 1.05 | 1.05 | 1.00 | 或(7.3.4-2) |
| 岩基 | 基本组合 | 1.10 | 1.08 | | 1.05 | 适用于公式(7.3.4-1) |
| | 特殊组合 I | 1.05 | 1.03 | | 1.00 | 公式(7.3.4-1) |
| | 特殊组合 II | 1.00 | | | | |
| | 基本组合 | 3.00 | | | | 适用于公式(7.3.4-3) |
| | 特殊组合 I | 2.50 | | | | 公式 |
| | 特殊组合 II | 2.50 | | | | (7.3.4-3) |

注：特殊组合 I 适用于施工工况、检修工况和校核运用工况，特殊组合 II 适用于地震工况。

续表

| 强条汇编章节 | | 4-3-2 | | | |
|---|---|---|---|---|---|
| 标准名称 | 《蓄滞洪区设计规范》 | | | 标准编号 | GB 50773—2012 |
| 序号 | 条款号 | 强制性条文内容 | 执行情况 | 符合/不符合/不涉及 | 设计人签字 |
| 1 | 3.2.10 | 蓄滞洪区安全台台坡的抗滑稳定安全系数，不应小于表 3.2.10 的规定。<br>表 3.2.10 安全台台坡的抗滑稳定安全系数<br>安全 系数：正常运用条件 1.15；非常运用条件 1.05 | | | |

| 强条汇编章节 | | 4-3-3 | | | |
|---|---|---|---|---|---|
| 标准名称 | 《小型水利水电工程碾压式土石坝设计规范》 | | | 标准编号 | SL 189—2013 |
| 序号 | 条款号 | 强制性条文内容 | 执行情况 | 符合/不符合/不涉及 | 设计人签字 |

续表

| 1 | 8.2.3 | 对于圆弧滑动法，可采用瑞典圆弧法或简化毕肖普法计算，坝坡抗滑稳定安全系数应不小于表8.2.3的规定。 |
|---|---|---|

表8.2.3 坝坡抗滑稳定最小安全系数表

| 运用条件 | 最小安全系数 | |
|---|---|---|
| | 瑞典圆弧法 | 简化毕肖普法 |
| 正常运用条件 | 1.15 | 1.25 |
| 非常运用条件 I | 1.05 | 1.15 |
| 非常运用条件 II | 1.02 | 1.10 |

注1：正常运用条件包括：

（1）水库水位处于正常蓄水位和设计洪水位与死水位之间的各种水位的稳定渗流期；

（2）水库水位在上述范围内经常性的正常降落。

注2：非常运用条件 I 包括：

（1）施工期；

（2）校核洪水位有可能形成稳定渗流的情况；

（3）水库水位的非常降落（如水库水位自校核洪水位降落，降落至死水位以下，以及大流量快速泄空等）。

注3：非常运用条件 II：正常运用条件遇地震。

续表

标准编号 4-3-4

| 序号 | 标准名称《水工混凝土结构设计规范》 | | 执行情况 | 标准编号 SL 191—2008 | 设计人签字 |
|---|---|---|---|---|---|
| | 条款号 | 强制性条文内容 | | 符合/不符合/不涉及 | |
| 1 | 3.1.9 | 未经技术鉴定或设计许可，不应改变结构的用途和使用环境。 | | | |
| 2 | 3.2.2 | 承载能力极限状态计算时，结构构件计算截面上的荷载效应组合设计值 S 应按下列规定计算：<br>1 基本组合<br>当永久荷载对结构起不利作用时：<br>$S=1.05S_{G1k}+1.20S_{G2k}+1.20S_{Q1k}+1.10S_{Q2k}$  (3.2.2-1)<br>当永久荷载对结构起有利作用时：<br>$S=0.95S_{G1k}+0.95S_{G2k}+1.20S_{Q1k}+1.10S_{Q2k}$  (3.2.2-2)<br>式中 $S_{G1k}$——自重、设备等永久荷载标准值产生的荷载效应；<br>$S_{G2k}$——土压力、淤沙压力及围岸压力等永久荷载标准值产生的荷载效应；<br>$S_{Q1k}$——一般可变荷载标准值产生的荷载效应；<br>$S_{Q2k}$——可控制其不超出规定限值的可变荷载标准值产生的荷载效应。 | | | |

续表

2 偶然组合

$$S=1.05S_{G1k}+1.20S_{G2k}+1.10S_{Q2k}+1.0S_{Ak} \qquad (3.2.2-3)$$

式中 $S_{Ak}$——偶然荷载标准值产生的荷载效应。

式(3.2.2-3)中，参与组合的某些可变荷载标准值，可根据有关标准作适当折减。

荷载的标准值可按《水工建筑物荷载设计规范》(DL 5077—1997)及《水工建筑物抗震设计规范》(SL 203—97)的规定取用。

注1：本标准有关承载能力极限状态计算的条文中，荷载效应组合设计值 $S$ 即为截面内力设计值($M$、$N$、$V$、$T$ 等)。

注2：水工建筑物的稳定性验算时，应取荷载标准值进行，其稳定性安全系数应按相关标准取值。

续表

| | | 承载能力极限状态计算时,钢筋混凝土、预应力混凝土及素混凝土结构构件的承载力安全系数 K 不应小于表 3.2.4 的规定。<br><br>表 3.2.4 混凝土结构构件的承载力安全系数 K |
|---|---|---|
| 3 | 3.2.4 | |

表 3.2.4 混凝土结构构件的承载力安全系数 K

| 水工建筑物级别 | 1 | | 2、3 | | 4、5 | |
|---|---|---|---|---|---|---|
| 荷载效应组合 | 基本组合 | 偶然组合 | 基本组合 | 偶然组合 | 基本组合 | 偶然组合 |
| 钢筋混凝土、预应力混凝土 | 1.35 | 1.15 | 1.20 | 1.00 | 1.15 | 1.00 |
| 素混凝土 按受压承载力计算的受压构件、局部承压 | 1.45 | 1.25 | 1.30 | 1.10 | 1.25 | 1.05 |
| 素混凝土 按受拉承载力计算的受拉构件、受压、受弯构件 | 2.20 | 1.90 | 2.00 | 1.70 | 1.90 | 1.60 |

续表

| 4 | 4.1.4 | 注1：水工建筑物的级别应根据《水利水电工程等级划分及洪水标准》(SL 252—2017)确定。<br>注2：结构在使用、施工、检修期的承载力计算，安全系数 $K$ 应按表中基本组合取值；对地震及校核洪水位的承载力计算，安全系数 $K$ 应按表中偶然组合取值。<br>注3：当荷载效应组合由永久荷载控制时，表列安全系数 $K$ 应增加0.05。<br>注4：当结构的受力情况较为复杂，施工特别困难，荷载不能准确计算，缺乏成熟的设计方法或结构有特殊要求时，承载力安全系数 $K$ 宜适当提高。<br><br>混凝土轴心抗压、轴心抗拉强度标准值 $f_{ck}$、$f_{tk}$ 应按表4.1.4确定。<br><br>**表4.1.4 混凝土强度标准值** 单位：N/mm² | | |

表4.1.4 混凝土强度标准值

| 强度种类 | 符号 | 混凝土强度等级 | | | | | | | | | |
| --- | --- | --- | --- | --- | --- | --- | --- | --- | --- | --- | --- |
| | | C15 | C20 | C25 | C30 | C35 | C40 | C45 | C50 | C55 | C60 |
| 轴心抗压 | $f_{ck}$ | 10.0 | 13.4 | 16.7 | 20.1 | 23.4 | 26.8 | 29.6 | 32.4 | 35.5 | 38.5 |
| 轴心抗拉 | $f_{tk}$ | 1.27 | 1.54 | 1.78 | 2.01 | 2.20 | 2.39 | 2.51 | 2.64 | 2.74 | 2.85 |

| 5 | 4.1.5 | 混凝土轴心抗压、轴心抗拉强度设计值 $f_c$、$f_t$ 应按表 4.1.5 确定。 |
| --- | --- | --- |

表 4.1.5 混凝土强度设计值 单位：N/mm²

| 强度种类 | 符号 | 混凝土强度等级 | | | | | | | | | |
| --- | --- | --- | --- | --- | --- | --- | --- | --- | --- | --- | --- |
| | | C15 | C20 | C25 | C30 | C35 | C40 | C45 | C50 | C55 | C60 |
| 轴心抗压 | $f_c$ | 7.2 | 9.6 | 11.9 | 14.3 | 16.7 | 19.1 | 21.1 | 23.1 | 25.3 | 27.5 |
| 轴心抗拉 | $f_t$ | 0.91 | 1.10 | 1.27 | 1.43 | 1.57 | 1.71 | 1.80 | 1.89 | 1.96 | 2.04 |

注：计算现浇钢筋混凝土轴心受压和偏心受压构件时，如截面的长边或直径小于 300 mm，则表中的混凝土强度设计值应乘以系数 0.8；当构件质量（如混凝土成型、截面和轴线尺寸等）确有保证时，可不受此限制。

续表

| 6 | 4.2.2 | 钢筋的强度标准值应具有不小于 95% 的保证率。普通钢筋的强度标准值 $f_{yk}$ 应按表 4.2.2-1 采用；预应力钢筋的强度标准值 $f_{ptk}$ 应按表 4.2.2-2 采用。 | |

表 4.2.2-1 普通钢筋强度标准值

| 种类 | | 符号 | $d/mm$ | $f_{yk}/(N/mm^2)$ |
|---|---|---|---|---|
| 热轧钢筋 | HPB235 | Φ | 8~20 | 235 |
| | HRB335 | Φ | 6~50 | 335 |
| | HRB400 | Φ | 6~50 | 400 |
| | RRB400 | $Φ^R$ | 8~40 | 400 |

注1：热轧钢筋直径 $d$ 系指公称直径。

注2：当采用直径大于 40 mm 的钢筋时，应有可靠的工程经验。

续表

## 表 4.2.2-2 预应力钢筋强度标准值

| 种类 | 符号 | 公称直径 $d/\text{mm}$ | $f_{ptk}/(\text{N/mm}^2)$ |
|---|---|---|---|
| 钢绞线 | $\phi^S$ | | |
| 1×2 | | 5、5.8 | 1570,1720,1860,1960 |
| | | 8、10 | 1470,1570,1720,1860,1960 |
| | | 12 | 1470,1570,1720,1860 |
| 1×3 | | 6.2、6.5 | 1570,1720,1860,1960 |
| | | 8.6 | 1470,1570,1720,1860,1960 |
| | | 8.74 | 1570,1670,1860 |
| 1×3I | | 10.8、12.9 | 1470,1570,1720,1860,1960 |
| | | 8.74 | 1570,1670,1860 |
| 1×7 | | 9.5、11.1、12.7 | 1720,1860,1960 |
| | | 15.2 | 1470,1570,1720,1860,1960 |
| | | 15.7 | 1770,1860 |
| | | 17.8 | 1720,1860 |
| (1×7)C | | 12.7 | 1860 |
| | | 15.2 | 1820 |
| | | 18.0 | 1720 |

续表

| 种类 | | 符号 | 公称直径 $d$/mm | $f_{ptk}$/(N/mm$^2$) |
|---|---|---|---|---|
| 消除应力钢丝 | 光圆 | $\phi^P$ | 4、4.8、5 | 1470、1570、1670、1770、1860 |
| | 螺旋肋 | $\phi^H$ | 6、6.25、7 | 1470、1570、1670、1770 |
| | | | 8、9 | 1470、1570 |
| | | | 10、12 | 1470 |
| | 刻痕 | $\phi^I$ | ≤5 | 1470、1570、1670、1770、1860 |
| | | | >5 | 1470、1570、1670、1770 |
| 钢棒 | 螺旋槽 | $\phi^{HG}$ | 7.1、9、10.7、12.6 | 1080、1230、1420、1570 |
| | 螺旋肋 | $\phi^{HR}$ | 6、7、8、10、12、14 | |
| 螺纹钢筋 | PSB785 | $\phi^{PS}$ | 18、25、32、40、50 | 980 |
| | PSB830 | | | 1030 |
| | PSB930 | | | 1080 |
| | PSB1080 | | | 1230 |

续表

| 7 | 4.2.3 | 普通钢筋的抗拉强度设计值 $f_y$ 及抗压强度设计值 $f'_y$ 应按表4.2.3-1采用；预应力钢筋的抗拉强度设计值 $f_{py}$ 及抗压强度设计值 $f'_{py}$ 按表4.2.3-2采用。<br><br>表 4.2.3-1 普通钢筋强度设计值 单位：N/mm² | 注1：钢绞线直径 $d$ 系指钢绞线外接圆直径，即《预应力混凝土用钢绞线》(GB/T 5224—2014)中的公称直径 $D_n$；钢丝、螺纹钢筋及钢棒的直径 $d$ 均指公称直径。<br>注2：1×3I 为三根刻痕钢丝捻制的钢绞线；(1×7)C 为七根钢丝捻制又经模拔的钢绞线。<br>注3：根据国家标准，同一规格的钢丝（钢绞线、钢棒）有不同的强度级别，因此表中对同一规格的钢丝（钢绞线、钢棒）列出了相应的 $f_{ptk}$ 值，在设计中可自行选用。 |

表 4.2.3-1 普通钢筋强度设计值　单位：N/mm²

| 种类 | | 符号 | $f_y$ | $f'_y$ |
| --- | --- | --- | --- | --- |
| 热轧钢筋 | HPB235 | Φ | 210 | 210 |
| | HRB335 | Φ | 300 | 300 |
| | HRB400 | Φ | 360 | 360 |
| | RRB400 | Φ$^R$ | 360 | 360 |

注：在钢筋混凝土结构中，轴心受拉和小偏心受拉构件的钢筋抗拉强度设计值大于 300 N/mm² 时，仍应按 300 N/mm² 取用。

续表

表4.2.3-2 预应力钢筋强度设计值　单位：N/mm²

| 种类 | | 符号 | $f_{ptk}$ | $f_{py}$ | $f'_{py}$ |
|---|---|---|---|---|---|
| 钢绞线 | 1×2 | $\phi^S$ | 1470 | 1040 | 390 |
| | 1×3 | | 1570 | 1110 | |
| | | | 1670 | 1180 | |
| | 1×3I | | 1720 | 1220 | |
| | 1×7 | | 1770 | 1250 | |
| | | | 1820 | 1290 | |
| | (1×7)C | | 1860 | 1320 | |
| | | | 1960 | 1380 | |
| 消除应力钢丝 | 光圆 | $\phi^P$ | 1470 | 1040 | 410 |
| | 螺旋肋 | $\phi^H$ | 1570 | 1110 | |
| | 刻痕 | $\phi^I$ | 1670 | 1180 | |
| | | | 1770 | 1250 | |
| | | | 1860 | 1320 | |
| 钢棒 | 螺旋槽 | $\phi^{HG}$ | 1080 | 760 | 400 |
| | 螺旋肋 | $\phi^{HR}$ | 1230 | 870 | |
| | | | 1420 | 1005 | |
| | | | 1570 | 1110 | |
| 螺纹钢筋 | PSB785 | $\phi^{PS}$ | 980 | 650 | 400 |
| | PSB830 | | 1030 | 685 | |
| | PSB930 | | 1080 | 720 | |
| | PSB1080 | | 1230 | 820 | |

续表

| 项次 | | |
|---|---|---|
| 8 | 5.1.1 | 注：当预应力钢绞线、钢丝的强度标准值不符合表 4.2.2-2 的规定时，其强度设计值应进行换算。<br>当构件中配有不同种类的钢筋时，每种钢筋应采用各自的强度设计值。<br>素混凝土不得用于受拉构件。 |
| 9 | 9.2.1 | 纵向受力钢筋的混凝土保护层厚度（从钢筋外边缘算起）不应小于钢筋直径及表 9.2.1 所列的数值，同时也不应小于粗骨料最大粒径的 1.25 倍。 |

表 9.2.1 混凝土保护层最小厚度　　单位：mm

| 项次 | 构件类别 | 环境类别 | | | | |
|---|---|---|---|---|---|---|
| | | 一 | 二 | 三 | 四 | 五 |
| 1 | 板、墙 | 20 | 25 | 30 | 45 | 50 |
| 2 | 梁、柱、墩 | 30 | 35 | 45 | 55 | 60 |
| 3 | 截面厚度不小于 2.5 m 的底板及墩墙 | — | 40 | 50 | 60 | 65 |

续表

注1：直接与地基接触的结构底层钢筋或无检修条件的结构，保护层厚度应适当增大。

注2：有抗冲耐磨要求的结构面层钢筋，保护层厚度应适当增大。

注3：混凝土强度等级不低于C30且浇筑质量有保证的预制构件或薄板，保护层厚度可按表中数值减小5 mm。

注4：钢筋表面涂塑或结构外表面敷设永久性涂料或面层时，保护层厚度可适当减小。

注5：严寒和寒冷地区受冰冻的部位，保护层厚度还应符合《水工建筑物抗冰冻设计规范》(SL 211—2006)的规定。

续表

| 项次 | | |
|---|---|---|
| 10 | 9.3.2 | 当计算中充分利用钢筋的抗拉强度时，受拉钢筋伸入支座的锚固长度不应小于表9.3.2中规定的数值。受压钢筋的锚固长度不应小于表9.3.2所列数值的0.7倍。<br><br>表9.3.2 受拉钢筋的最小锚固长度 $l_a$ |

表 9.3.2 受拉钢筋的最小锚固长度 $l_a$

| 项次 | 钢筋类型 | 混凝土强度等级 | | | | | |
|---|---|---|---|---|---|---|---|
| | | C15 | C20 | C25 | C30 | C35 | ≥C40 |
| 1 | HPB235 级 | 40d | 35d | 30d | 25d | 25d | 20d |
| 2 | HRB335 级 | — | 40d | 35d | 30d | 30d | 25d |
| 3 | HRB400 级、RRB400 级 | — | 50d | 40d | 35d | 35d | 30d |

注 1：d 为钢筋直径。

注 2：HPB235 级钢筋的最小锚固长度 $l_a$ 值不包括弯钩长度。

续表

| 11 | 9.5.1 | 钢筋混凝土构件的纵向受力钢筋的配筋率不应小于表 9.5.1 规定的数值。 |

表 9.5.1　钢筋混凝土构件纵向受力钢筋的最小配筋率 $\rho_{min}$ / %

| 项次 | 分类 | | 钢筋种类 | | |
| --- | --- | --- | --- | --- | --- |
| | | | HPB235 级 | HRB335 级 | HRB400 级、RRB400 级 |
| | 受弯构件、偏心受拉构件的受拉钢筋 | | — | — | — |
| 1 | | 梁 | 0.25 | 0.20 | 0.20 |
| | | 板 | 0.20 | 0.15 | 0.15 |
| 2 | 轴心受压柱的全部纵向钢筋 | | 0.60 | 0.60 | 0.55 |
| 3 | 偏心受压构件的受压或受压钢筋 | | — | — | — |
| | | 柱、拱 | 0.25 | 0.20 | 0.20 |
| | | 墩墙 | 0.20 | 0.15 | 0.15 |

续表

注1：项次1、3中的配筋率是指钢筋截面面积与构件肋宽乘以有效高度的混凝土截面面积的比值，即 $\rho = \dfrac{A_s}{bh_0}$

或 $\rho' = \dfrac{A'_s}{bh_0}$；项次2中的配筋率是指全部纵向钢筋截面面积与截面面积的比值。

注2：温度、收缩等因素对结构产生的影响较大时，纵向受拉钢筋的最小配筋率应适当增大。

注3：当结构有抗震设防要求时，钢筋混凝土框架结构构件的最小配筋率应按第13章的规定取值。

| | | |
|---|---|---|
| 12 | 9.6.6 | 预制构件的吊环必须采用HPB235级钢筋制作，严禁采用冷加工钢筋。 |
| 13 | 9.6.7 | 预埋件的锚筋应采用HPB235级、HRB335级或HRB400级钢筋，严禁采用冷加工钢筋。锚筋采用光圆钢筋时，端部应加弯钩。 |

续表

| 强条汇编章节 | | 4-3-5 | | 标准编号 | SL 253—2018 |
|---|---|---|---|---|---|
| 标准名称 | | 《溢洪道设计规范》 | | | |
| 条款号 | 条款号 | 强制性条文内容 | 执行情况 | 符合/不符合/不涉及 | 设计人签字 |
| 序号 | 条款号 | 强制性条文内容 | | | |

1 5.3.9

堰基面的抗滑稳定按抗剪断强度公式(5.3.9-1)或抗剪强度公式(5.3.9-2)计算。

3 抗滑稳定安全系数规定如下：

1)按抗剪断强度公式(5.3.9-1)计算的堰基面抗滑稳定安全系数 $K'$ 值不应小于表5.3.9-1的规定。

表5.3.9-1 堰基面抗滑稳定安全系数 $K'$

| 荷载组合 | | $K'$ |
|---|---|---|
| 基本组合 | | 3.0 |
| 特殊组合 | (1) | 2.5 |
| | (2) | 2.3 |

注：地震情况为特殊组合(2)，其他特殊组合为特殊组合(1)。

续表

| 2 | 5.3.13 | 2)按抗剪强度公式(5.3.9-2)计算的坝基面抗滑稳定安全系数 K 值不应小于表 5.3.9-2 的规定。<br><br>**表 5.3.9-2 坝基面抗滑稳定安全系数 K**<br><br>（见下表）<br><br>注:地震情况为特殊组合(2),其他特殊组合为特殊组合(1)。 | 坝基面上的垂直正应力应满足下列要求:<br>1 运用期:在各种荷载组合情况下(地震情况除外),坝基面上的最大垂直正应力 $\sigma_{max}$ 应小于基岩的容许承载力(计算时分别计入扬压力和不计入扬压力);最小垂直正应力 $\sigma_{min}$ 应大于零(计入扬压力)。地震情况下坝基面上的最大垂直正应力 $\sigma_{max}$ 应小于基岩的容许承载力;容许出现不大于 0.1 MPa 的垂直拉应力。<br>2 施工期:坝基面上的最大垂直正应力 $\sigma_{max}$ 应小于基岩的容许承载力;坝基面下游端的最小垂直正应力 $\sigma_{min}$ 容许有不大于 0.1 MPa 的拉应力。 |

**表 5.3.9-2 坝基面抗滑稳定安全系数 K**

| 荷载组合 | | 溢洪道的级别 | | |
|---|---|---|---|---|
| | | 1 级 | 2 级 | 3 级 |
| 基本组合 | | 1.10 | 1.05 | 1.05 |
| 特殊组合 | (1) | 1.05 | 1.00 | 1.00 |
| | (2) | 1.00 | 1.00 | 1.00 |

续表

| 强条汇编章节 | | | 执行情况 | 标准编号 | 设计人签字 |
|---|---|---|---|---|---|
| 标准名称 | 《水闸设计规范》 | | | | SL 265—2016 |
| 条款号 | 强制性条文内容 | 4-3-6 | | 符合/不符合/不涉及 | |
| 序号 | 条款号 | | | | |
| 1 | 7.3.13 | 土基上沿闸室基底面抗滑稳定安全系数允许值应符合表7.3.13的规定。<br>表7.3.13 土基上沿闸室基底面抗滑稳定安全系数的允许值<br><br>荷载组合 / 水闸级别：1 / 2 / 3 / 4,5<br>基本组合：1.35 / 1.30 / 1.25 / 1.20<br>特殊组合Ⅰ：1.20 / 1.15 / 1.10 / 1.05<br>特殊组合Ⅱ：1.10 / 1.05 / 1.05 / 1.00<br><br>注1：特殊组合Ⅰ适用于施工情况、检修情况及校核洪水位情况。<br>注2：特殊组合Ⅱ适用于地震情况。 | | | |

内表：土基上沿闸室基底面抗滑稳定安全系数的允许值

| 荷载组合 | 水闸级别 | | | |
|---|---|---|---|---|
| | 1 | 2 | 3 | 4,5 |
| 基本组合 | 1.35 | 1.30 | 1.25 | 1.20 |
| 特殊组合Ⅰ | 1.20 | 1.15 | 1.10 | 1.05 |
| 特殊组合Ⅱ | 1.10 | 1.05 | 1.05 | 1.00 |

续表

| 序号 | 条款章节 | | 标准编号 | SL 266—2014 |
|---|---|---|---|---|
| 2 | 7.3.14 | 岩基上沿闸室基底面抗滑稳定安全系数允许值应符合表7.3.14的规定。 | 执行情况 | 符合/不符合/不涉及 |
| | | | 设计人签字 | |

表7.3.14 岩基上沿闸室基底面抗滑稳定安全系数的允许值

| 荷载组合 | 按公式(7.3.6-1)计算时 | | | 按公式(7.3.8)计算时 |
|---|---|---|---|---|
| | 水闸级别 | | | |
| | 1 | 2,3 | 4,5 | |
| 基本组合 | 1.10 | 1.08 | 1.05 | 3.00 |
| 特殊组合 I | 1.05 | 1.03 | 1.00 | 2.50 |
| 特殊组合 II | 1.00 | 1.00 | 1.00 | 2.30 |

注1：特殊荷载组合 I 适用于施工情况，检修情况及校核洪水位情况。

注2：特殊荷载组合 II 适用于地震情况。

4-3-7

强条汇编章节

| 标准名称 | 《水电站厂房设计规范》 | 标准编号 | SL 266—2014 |
|---|---|---|---|
| 序号 | 条款号 | 强制性条文内容 | 执行情况 |
| | | | 符合/不符合/不涉及 |
| | | | 设计人签字 |
| 1 | 5.3.5 | 厂房抗浮稳定应符合下列规定：<br>1 任何情况下，抗浮稳定安全系数不应小于1.1。 | |

续表

4-3-8

| 强条汇编章节 | | | | |
|---|---|---|---|---|
| 标准名称 | 《碾压式土石坝设计规范》 | | 标准编号 | SL 274—2020 |
| 序号 | 条款号 | 强制性条文内容 | 执行情况 | 符合/不符合/不涉及 | 设计人签字 |

采用计及条块间作用力方法时，坝坡抗滑稳定安全系数应不小于表8.3.15规定的数值。

表8.3.15　坝坡抗滑稳定最小安全系数

| 运用条件 | 坝的级别 | | | |
|---|---|---|---|---|
| | 1级 | 2级 | 3级 | 4、5级 |
| 正常运用条件 | 1.50 | 1.35 | 1.30 | 1.25 |
| 非常运用条件Ⅰ | 1.30 | 1.25 | 1.20 | 1.15 |
| 非常运用条件Ⅱ | 1.20 | 1.15 | 1.15 | 1.10 |

序号：1　条款号：8.3.15

续表

| 强条汇编章节 | | 4-3-9 | | |
|---|---|---|---|---|
| 标准名称 | | 《混凝土拱坝设计规范》 | 标准编号 | SL 282—2018 |
| 序号 | 条款号 | 强制性条文内容 | 执行情况 符合/不符合/不涉及 | 设计人签字 |
| 1 | 7.3.1 | 采用拱梁分载法计算时，坝体的主压应力和主拉应力应符合下列应力控制指标的规定：<br>1 坝体的主压应力不应大于混凝土的容许压应力。混凝土的主压应力等于混凝土强度除以安全系数。对于基本荷载组合，1级、2级拱坝的安全系数采用4.0，3级拱坝的安全系数采用3.5。对于非地震情况特殊荷载组合，1级、2级拱坝的安全系数采用3.0。<br>2 坝体的主拉应力不应大于混凝土的容许拉应力。对于基本荷载组合，混凝土的容许拉应力为1.2 MPa。对于非地震情况特殊荷载组合，混凝土的容许拉应力为1.5 MPa。 | | |

续表

| 2 | 8.2.5 | 采用刚体极限平衡法进行抗滑稳定分析时，1级、2级拱坝及高拱坝，应按公式(8.2.5-1)计算，其他则应按公式(8.2.5-1)或公式(8.2.5-2)进行计算： | | |
| | | $$K_1 = \frac{\sum(Nf' + c'A)}{\sum T} \qquad (8.2.5\text{-}1)$$ | | |
| | | $$K_2 = \frac{\sum Nf}{\sum T} \qquad (8.2.5\text{-}2)$$ | | |
| | | 式中 $K_1, K_2$ ——抗滑稳定安全系数； | | |
| | | $N$ ——垂直于滑裂面的作用力，$10^3$ kN； | | |
| | | $T$ ——沿滑裂面的作用力，$10^3$ kN； | | |
| | | $A$ ——计算滑裂面的面积，$m^2$； | | |
| | | $f'$ ——滑裂面的抗剪断摩擦系数； | | |
| | | $c'$ ——滑裂面的抗剪断凝聚力，MPa； | | |
| | | $f$ ——滑裂面的抗剪摩擦系数。 | | |

续表

| 序号 | 条款号 | 强制性条文内容 | 执行情况 | 标准编号 |
|---|---|---|---|---|
| | | | | SL 285—2020 |
| | | | 符合/不符合/不涉及 | 设计人签字 |
| 3 | 8.2.6 | 非地震工况按公式(8.2.5-1)或公式(8.2.5-2)计算时,拱座抗滑稳定安全系数不应小于表8.2.6的规定。<br><br>**表8.2.6 非地震工况抗滑稳定安全系数** | | |

**表8.2.6 非地震工况抗滑稳定安全系数**

| 荷载组合 | | 建筑物级别 | | |
|---|---|---|---|---|
| | | 1级 | 2级 | 3级 |
| 按公式(8.2.5-1) | 基本 | 3.50 | 3.25 | 3.00 |
| | 特殊(非地震) | 3.00 | 2.75 | 2.50 |
| 按公式(8.2.5-2) | 基本 | — | — | 1.30 |
| | 特殊(非地震) | — | — | 1.10 |

强条汇编章节    4-3-10

| 标准名称 | 《水利水电工程进水口设计规范》 | | 标准编号 | |
|---|---|---|---|---|
| 序号 | 条款号 | 强制性条文内容 | 执行情况 符合/不符合/不涉及 | |
| 1 | 6.3.3 | 进水口抗滑稳定应符合下列规定:<br>1 整体布置进水口的抗滑稳定安全系数应与大坝、河床式水电站和拦河闸等枢纽工程主体建筑物相同。<br>2 对于独立布置进水口,当建基面为岩石地基时,沿建基面抗滑稳定安全系数应不小于表6.3.3规定的数值。 | | |

续表

表 6.3.3 独立布置进水口抗滑稳定安全系数

| 抗剪断强度计算 | | | 抗剪强度计算 | | |
|---|---|---|---|---|---|
| 基本组合 | 特殊组合Ⅰ | 特殊组合Ⅱ | 基本组合 | 特殊组合Ⅰ | 特殊组合Ⅱ |
| 3.00 | 2.50 | 2.30 | 1.10 | 1.05 | 1.00 |

| 2 | 6.3.4 | 进水口抗浮稳定计算应符合下列规定：<br>1 进水口抗浮稳定安全系数应不小于 1.1。 |
|---|---|---|
| 3 | 6.3.7 | 进水口建基面法向应力应符合下列规定：<br>1 整体布置进水口建基面建基面应力标准应与大坝、河床式电站或拦河闸等坝组工程主体建筑物相同。<br>2 对于独立布置进水口，当建基面为岩石地基时，建基面法向应力应符合下列规定：<br>1）在各种荷载组合下（地震情况除外），建基面法向应力不应出现拉应力，法向压应力不应大于塔身混凝土容许压应力以及地基允许承载力。 |

续表

| 强条汇编章节 | | 4-3-11 | | | |
|---|---|---|---|---|---|
| 标准名称 | | 《水利水电工程施工组织设计规范》 | | 标准编号 | SL 303—2017 |
| 序号 | 条款号 | 强制性条文内容 | 执行情况 | 符合/不符合/不涉及 | 设计人签字 |
| 1 | 2.4.17 | 土石围堰、混凝土围堰与浆砌石围堰的稳定安全系数应满足下列要求： <br> 1 土石围堰边坡稳定安全系数应满足表 2.4.17 的规定。 <br><br> 表 2.4.17 土石围堰边坡稳定安全系数 <br><br> 2 重力式混凝土围堰、浆砌石围堰采用抗剪断公式计算时，安全系数 $K'$ 应不小于 3.0，排水失效时安全系数 $K'$ 应不小于 2.5；抗剪强度公式计算时安全系数 $K$ 应不小于 1.05。 | | | |

表 2.4.17 土石围堰边坡稳定安全系数

| 围堰级别 | 计算方法 | |
|---|---|---|
| | 瑞典圆弧法 | 简化毕肖普法 |
| 3 级 | ≥1.20 | ≥1.30 |
| 4 级、5 级 | ≥1.05 | ≥1.15 |

续表

**4-3-12**

强条汇编章节

| 标准名称 | 《碾压混凝土坝设计规范》 | | | 标准编号 | SL 314—2018 |
|---|---|---|---|---|---|
| 序号 | 条款号 | 强制性条文内容 | 执行情况 | 符合/不符合/不涉及 | 设计人签字 |
| 1 | 4.0.3 | 碾压混凝土重力坝坝体抗滑稳定分析应包括沿坝基面和碾压层（缝）面的抗滑稳定。坝体碾压层（缝）面的抗滑稳定计算应采用抗剪断公式，其安全系数应符合 SL 319 的有关规定。 | | | |

**4-3-13**

强条汇编章节

| 标准名称 | 《混凝土重力坝设计规范》 | | | 标准编号 | SL 319—2018 |
|---|---|---|---|---|---|
| 序号 | 条款号 | 强制性条文内容 | 执行情况 | 符合/不符合/不涉及 | 设计人签字 |
| 1 | 6.3.3 | 按式（6.3.2）计算的重力坝坝基面坝踵、坝趾的垂直应力应符合下列要求：<br>1 运用期：<br>1）在各种荷载组合下（地震荷载除外），坝踵垂直应力不应出现拉应力，坝趾垂直应力不应大于坝体混凝土容许压应力，并不应大于基岩容许承载力。<br>2 施工期：坝趾垂直拉应力不大于 0.1 MPa。 | | | |

续表

| 2 | 6.3.4 | 重力坝坝体应力应符合下列要求: 1 运用期 1)坝体上游面的垂直应力不出现拉应力(计扬压力)。 2)坝体最大主压应力不应大于混凝土的容许压应力值。 2 施工期 1)坝体任何截面上的主压应力不应大于混凝土的容许压应力。 2)在坝体的下游面,主拉应力不大于 0.2 MPa。 | | |
| --- | --- | --- | --- | --- |
| 3 | 6.3.10 | 混凝土的容许应力应按大坝混凝土的极限强度除以相应的安全系数确定。 1 坝体混凝土抗压安全系数,基本组合不应小于 4.0;特殊组合(不含地震工况)不应小于 3.5。 2 局部混凝土有抗拉要求的,抗拉安全系数不应小于 4.0。 | | |

续表

| 4 | 6.4.1 | 抗滑稳定计算主要核算坝基面滑动条件，采用刚体极限平衡法应按抗剪断强度公式（6.4.1-1）或抗剪强度公式（6.4.1-2）计算坝基面的抗滑稳定安全系数。 |
|---|---|---|

1 抗剪断强度的计算公式：

$$K' = \frac{f'\sum W + c'A}{\sum P} \quad (6.4.1\text{-}1)$$

式中 $K'$——按抗剪断强度计算的抗滑稳定安全系数；

$f'$——坝体混凝土与坝基接触面的抗剪断摩擦系数；

$c'$——坝体混凝土与坝基接触面的抗剪断凝聚力，kPa；

$A$——坝基接触面积，m²；

$\sum W$——作用于坝体上全部荷载（包括扬压力，下同）对滑动平面的法向分值，kN；

$\sum P$——作用于坝体上全部荷载对滑动平面的切向分值，kN。

2 抗剪强度的计算公式：

$$K = \frac{f\sum W}{\sum P} \quad (6.4.1\text{-}2)$$

式中 $K$——按抗剪强度计算的抗滑稳定安全系数；

$f$——坝体混凝土与坝基接触面的抗剪摩擦系数。

3 抗滑稳定安全系数的规定

1）按抗剪断强度公式（6.4.1-1）计算的坝基面抗滑稳定安全系数 $K'$ 值不应小于表 6.4.1-1 规定的数值。

续表

表 6.4.1-1 坝基面抗滑稳定安全系数 K′

| 荷载组合 | | K′ |
|---|---|---|
| 基本组合 | (1) | 3.0 |
| 特殊组合 | (2)（拟静力法） | 2.5 |
| | | 2.3 |

2）按抗剪强度公式(6.4.1-2)计算的坝基面抗滑稳定安全系数 K 值不应小于表 6.4.1-2 规定的数值。

表 6.4.1-2 坝基面抗滑稳定安全系数 K

| 荷载组合 | | 坝的级别 | | |
|---|---|---|---|---|
| | | 1 级 | 2 级 | 3 级 |
| 基本组合 | (1) | 1.10 | 1.05 | 1.05 |
| 特殊组合 | (2)（拟静力法） | 1.05 | 1.00 | 1.00 |
| | | 1.00 | 1.00 | 1.00 |

续表

| 强条汇编章节 | | | | 4-3-14 | 标准编号 | SL 379—2007 |
| --- | --- | --- | --- | --- | --- | --- |
| 标准名称 | | | 《水工挡土墙设计规范》 | | | |
| 序号 | 条款号 | 强制性条文内容 | | | 执行情况 | 符合/不符合/不涉及 | 设计人签字 |
| 1 | 3.2.7 | 沿挡土墙基底面的抗滑稳定安全系数不应小于表 3.2.7 规定的允许值。 表 3.2.7  挡土墙抗滑稳定安全系数的允许值 | | | | | |

表 3.2.7  挡土墙抗滑稳定安全系数的允许值

| 荷载组合 | | 土质地基 挡土墙级别 | | | | 岩石地基 | |
| --- | --- | --- | --- | --- | --- | --- | --- |
| | | 1 | 2 | 3 | 4 | 按式(6.3.5-1)计算时 挡土墙级别 | 按式(6.3.6)计算时 |
| | | | | | | 1 | 2 | 3 | 4 | |
| 基本组合 | | 1.35 | 1.30 | 1.25 | 1.20 | 1.10 | 1.08 | 1.08 | 1.05 | 3.00 |
| 特殊组合 | I | 1.20 | 1.15 | 1.10 | 1.05 | 1.05 | 1.03 | 1.03 | 1.00 | 2.50 |
| | II | 1.10 | 1.05 | 1.05 | 1.00 | 1.00 | | | | 2.30 |

注：特殊组合 I 适用于施工情况及校核洪水位情况，特殊组合 II 适用于地震情况。

续表

| | | |
|---|---|---|
| 2 | 3.2.8 | 当验算土质地基上挡土墙沿软弱土体整体滑动时,按瑞典圆弧滑动法或折线滑动法计算的抗滑稳定安全系数不应小于表3.2.7规定的允许值。 |
| 3 | 3.2.10 | 设有锚碇墙的板桩式挡土墙,其锚碇墙抗滑稳定安全系数不应小于表3.2.10规定的允许值。<br>表3.2.10 锚碇墙抗滑稳定安全系数的允许值 |
| 4 | 3.2.11 | 对于加筋式挡土墙,不论其级别,基本荷载组合条件下的抗滑稳定安全系数不应小于1.40,特殊荷载组合条件下的抗滑稳定安全系数不应小于1.30。 |

表3.2.10 锚碇墙抗滑稳定安全系数的允许值

| 荷载组合 | 挡土墙级别 | | | |
|---|---|---|---|---|
| | 1 | 2 | 3 | 4 |
| 基本组合 | 1.50 | 1.40 | 1.40 | 1.30 |
| 特殊组合 | 1.40 | 1.30 | 1.30 | 1.20 |

续表

| 5 | 3.2.12 | 土质地基上挡土墙的抗倾覆稳定安全系数不应小于表3.2.12规定的允许值。<br>表3.2.12 土质地基上挡土墙抗倾覆稳定安全系数的允许值<br><br>荷载组合 / 挡土墙级别<br><br>1：1.60（基本组合），1.50（特殊组合）<br>2：1.50（基本组合），1.40（特殊组合）<br>3：1.50（基本组合），1.40（特殊组合）<br>4：1.40（基本组合），1.30（特殊组合） | | |
| 6 | 3.2.13 | 岩石地基上1～3级水工挡土墙，在基本荷载组合条件下，抗倾覆稳定安全系数不应小于1.50，4级水工挡土墙抗倾覆稳定安全系数不应小于1.40；在特殊荷载组合条件下，不论挡土墙的级别，抗倾覆稳定安全系数不应小于1.30。 | | |
| 7 | 3.2.14 | 对于空箱式挡土墙，不论其级别和地基条件，基本荷载组合条件下的抗浮稳定安全系数不应小于1.10，特殊荷载组合条件下的抗浮稳定安全系数不应小于1.05。 | | |

| 8 | 6.3.1 | 土质地基和软质岩石地基上的挡土墙基底应力计算应满足下列要求：<br>1 在各种计算情况下，挡土墙平均基底应力不大于地基允许承载力，最大基底应力不大于地基允许承载力的1.2倍。<br>2 挡土墙基底应力的最大值与最小值之比不大于表6.3.1规定的允许值。<br><br>表6.3.1 挡土墙基底应力最大值与最小值之比的允许值 | | |
|---|---|---|---|---|

| 地基土质 | 荷载组合 | |
|---|---|---|
| | 基本组合 | 特殊组合 |
| 松软 | 1.50 | 2.00 |
| 中等坚实 | 2.00 | 2.50 |
| 坚实 | 2.50 | 3.00 |

注：对于地震区的挡土墙，其基底应力最大值与最小值之比的允许值可按表列数值适当增大。

| 9 | 6.3.2 | 硬质岩石地基上的挡土墙基底应力计算应满足下列要求：<br>1 在各种计算情况下，挡土墙最大基底应力不大于地基允许承载力。<br>2 除施工期和地震情况外，挡土墙基底不应出现拉应力；在施工期和地震情况下，挡土墙基底拉应力不应大于100 kPa。 |
|---|---|---|

续表

| 强条汇编章节 | | | 标准名称 | 《水利水电工程边坡设计规范》 | 标准编号 | SL 386—2007 |
|---|---|---|---|---|---|---|
| | | | | 4-3-15 | | |
| 序号 | 条款号 | 强制性条文内容 | | | 执行情况 符合/不符合/不涉及 | 设计人签字 |
| 1 | 3.4.2 | 采用5.2节规定的极限平衡方法计算的边坡抗滑稳定最小安全系数应满足表3.4.2的规定。经论证，破坏后给社会、经济和环境带来重大影响的1级边坡，在正常运用条件下的抗滑稳定安全系数可取1.30~1.50。 | | | | |

表3.4.2 抗滑稳定安全系数标准

| 运用条件 | 边坡级别 | | | | |
|---|---|---|---|---|---|
| | 1 | 2 | 3 | 4 | 5 |
| 正常运用条件 | 1.30~1.25 | 1.25~1.20 | 1.20~1.15 | 1.15~1.10 | 1.10~1.05 |
| 非常运用条件 I | 1.25~1.20 | 1.20~1.15 | 1.15~1.10 | 1.10~1.05 | 1.10~1.05 |
| 非常运用条件 II | 1.15~1.10 | 1.10~1.05 | 1.05~1.00 | | |

续表

| 强条汇编章节 | 标准名称 | 《水利水电工程施工导流设计规范》 | | 标准编号 | SL 623—2013 |
|---|---|---|---|---|---|
| | 序号 | 条款号 | 强制性条文内容 | 执行情况 | 设计人签字 |
| | | | | 符合/不符合/不涉及 | |
| 4-3-16 | 1 | 6.3.4 | 土石围堰、混凝土围堰与浆砌石围堰的稳定安全系数应满足下列要求： | | |

1 土石围堰边坡稳定安全系数应满足表 6.3.4 的规定。

表 6.3.4　土石围堰边坡稳定安全系数表

| 围堰级别 | 计算方法 | |
|---|---|---|
| | 瑞典圆弧法 | 简化毕肖普法 |
| 3 级围堰 | ≥1.20 | ≥1.30 |
| 4 级、5 级围堰 | ≥1.05 | ≥1.15 |

2 重力式混凝土围堰、浆砌石围堰采用抗剪断公式计算时，安全系数 $K'$ 应不小于 3.0，排水失效时安全系数 $K$ 应不小于 2.5；按抗剪强度公式计算时安全系数 $K$ 应不小于 1.05。

续表

| 强条汇编章节 | 标准名称 | | 《水利水电工程围堰设计规范》 | | | 标准编号 | SL 645—2013 | 4-3-17 |
|---|---|---|---|---|---|---|---|---|
| | 条款号 | | 强制性条文内容 | | | 执行情况 | 设计人签字 | |
| 序号 | | | | | | 符合/不符合/不涉及 | | |
| 1 | 6.5.1 | 土石围堰稳定计算应符合下列要求：<br>2 抗滑稳定采用瑞典圆弧法或简化毕肖普法时，土石围堰的边坡稳定安全系数应满足表6.5.1的规定。<br><br>表6.5.1 土石围堰边坡稳定安全系数表<br><br>围堰级别 ／ 计算方法：瑞典圆弧法 ／ 简化毕肖普法<br>3 ／ ≥1.20 ／ ≥1.30<br>4、5 ／ ≥1.05 ／ ≥1.15 | | | | | | |
| 2 | 6.5.2 | 混凝土围堰稳定计算应符合下列要求：<br>4 混凝土重力式围堰采用抗剪断公式计算时，安全系数 $K' \geq 3.0$，排水失效时安全系数 $K' \geq 2.5$；按抗剪强度公式计算时安全系数 $K \geq 1.05$。 | | | | | | |

续表

| 强条汇编章节 | | | | 4-3-18 | | | |
|---|---|---|---|---|---|---|---|
| 标准名称 | | | 《预应力钢筒混凝土管道技术规范》 | | | 标准编号 | SL 702—2015 |
| 序号 | 条款号 | | 强制性条文内容 | 执行情况 | | 符合/不符合/不涉及 | 设计人签字 |
| 1 | 6.5.1 | | 管道抗浮稳定安全系数应符合下列要求：<br>1 抗浮稳定安全系数不应小于1.1。 | | | | |
| 2 | 6.5.2 | | 管道直径变化处、转弯处、堵头、闸阀、伸缩节处的镇墩（支墩）或由限制性接头连接的管段抗滑稳定验算应符合下列要求：<br>1 抗滑稳定安全系数不应小于1.5，采用限制性接头连接多节管道时不应小于1.1。 | | | | |

附表 E.7　水利工程勘测设计项目执行强制性条文情况检查表（工程设计——抗震）

| 设计阶段 | 初步设计、施工图设计 | | |
|---|---|---|---|
| 设计文件及编号 | | | |
| 检查专业 | □水文　□勘测　□规划　☑水工　□机电与金属结构<br>□环境保护　□水土保持　□征地移民　□劳动安全与卫生　☑其他 | | |
| 强条汇编章节 | 4-4-1 | | |
| 标准名称 | 《水工建筑物抗震设计规范》 | 标准编号 | GB 51247—2018 |
| 序号 | 条款号 | 强制性条文内容 | 执行情况 | 符合/不符合/不涉及 |
| | | | | 设计人签字 |
| 1 | 1.0.5 | 地震基本烈度为Ⅵ度及Ⅵ度以上地区的坝高超过 200 m 或库容大于 100 亿立方米的大（1）型工程，以及地震基本烈度为Ⅶ度及Ⅶ度以上地区的坝高超过 150 m 的大（1）型工程，其场地地震动峰值加速度和其对应的设计烈度应依据专门的场地地震安全性评价成果确定。 | | |

续表

| 2 | 3.0.1 | 水工建筑物应根据其重要性和工程场地地震基本烈度按表 3.0.1 确定其工程抗震设防类别。 |
|---|---|---|

**表 3.0.1　工程抗震设防类别**

| 工程抗震设防类别 | 建筑物级别 | 场地地震基本烈度 |
|---|---|---|
| 甲类 | 1 级（壅水和重要泄水） | ≥Ⅵ度 |
| 乙类 | 1 级（非壅水）、2 级（壅水） | |
| 丙类 | 2 级（非壅水）、3 级 | ≥Ⅶ度 |
| 丁类 | 4 级、5 级 | |

注：重要泄水建筑物指其失效可能危及壅水建筑物安全的泄水建筑物。

| 3 | 3.0.4 | 根据专门的场地地震安全性评价确定其建筑物的基岩平坦地表水平向设计地震动峰值加速度代表值的概率水准，对工程抗震设防类别为甲类的壅水和重要泄水建筑物应取 100 年内超越概率 $P_{100}$ 为 0.02；对 1 级非壅水建筑物应取 50 年内超越概率 $P_{50}$ 为 0.05；对于工程抗震设防类别其他非甲类的水工建筑物应取 50 年内超越概率 $P_{50}$ 为 0.10，但不应低于甲类工程抗震设防类别相应的地震动水平加速度分区图值。 |
|---|---|---|

続表

| | | | | | |
|---|---|---|---|---|---|
| 4 | 3.0.5 | 对应作专门场地地震安全性评价的工程抗震设防类别为甲类的水工建筑物，除按设计地震动峰值加速度进行抗震设计外，应对其在遭受场址最大可信地震时不发生库水失控下泄的灾变安全裕度进行专门论证，并提出其所依据的抗震安全性专题报告。其中:"最大可信地震"的水平向峰值加速度代表值应根据场址地震地质条件，按确定性方法或100年内超越概率 $P_{100}$ 为0.01的概率法的结果确定。 | | | |
| 5 | 3.0.9 | 对坝高大于100 m、库容大于5亿立方米的新建水库，应进行水库地震安全性评价;对有可能发生震级大于5.0级，或震中烈度大于Ⅶ度的水库地震时，应至少在水库蓄水前1年建成水库地震监测台网并进行水库地震监测。 | | | |

192

| 强条汇编章节 | | 4-4-2 | | | |
|---|---|---|---|---|---|
| 标准名称 | | 《水工混凝土结构设计规范》 | | 标准编号 | SL 191—2008 |
| 序号 | 条款号 | 强制性条文内容 | 执行情况 | 符合/不符合/不涉及 | 设计人签字 |
| 1 | 13.1.2 | 结构的抗震验算,应符合下列规定:<br><br>1 设计烈度为6度时的钢筋混凝土构件(建造于Ⅳ类场地上较高的高耸结构除外),可不进行截面抗震验算,但应符合本章的抗震措施及配筋构造要求。<br><br>2 设计烈度为6度时建造于Ⅳ类场地上较高的高耸结构,设计烈度为7度和7度以上的钢筋混凝土结构,应进行截面抗震验算。 | | | |
| 强条汇编章节 | | 4-4-3 | | | |
| 标准名称 | | 《水工建筑物强震动安全监测技术规范》 | | 标准编号 | SL 486—2011 |
| 序号 | 条款号 | 强制性条文内容 | 执行情况 | 符合/不符合/不涉及 | 设计人签字 |
| 1 | 1.0.3 | 下列情况应设置强震动安全监测台阵:<br><br>1 设计烈度为7度及以上的1级大坝、8度及以上的2级大坝,应设置结构反应台阵。 | | | |

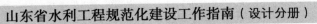

附表 E.8 水利工程勘测设计项目执行强制性条文情况检查表（工程设计——挡水、蓄水建筑物）

| 设计阶段 | 初步设计、施工图设计 | | | |
|---|---|---|---|---|
| 设计文件及编号 | | | | |
| 检查专业 | □水文　□勘测　□规划　□水工　□机电与金属结构<br>□环境保护　□水土保持　□征地移民　□劳动安全与卫生　□其他 | | | |
| 强条汇编章节 | 4-5-1 | | | |
| 标准名称 | 《堤防工程设计规范》 | | 标准编号 | GB 50286—2013 |
| 序号 | 条款号 | 强制性条文内容 | 执行情况 | 符合/不符合/不涉及 | 设计人签字 |
| 1 | 7.2.4 | 黏性土土堤的填筑标准应按压实度确定。压实度值应符合下列规定：<br>　1　1 级堤防不应小于 0.95。<br>　2　2 级和堤身高度不低于 6 m 的 3 级堤防不应小于 0.93。<br>　3　堤身高度低于 6 m 的 3 级及 3 级以下堤防不应小于 0.91。 | | |
| 2 | 7.2.5 | 无黏性土土堤的填筑标准应按相对密度确定，1 级、2 级和堤身高度不低于 6 m 的 3 级堤防不应小于 0.65，堤身高度低于 6 m 的 3 级及 3 级以下堤防不应小于 0.60。有抗震要求的堤防应按现行行业标准《水工建筑物抗震设计规范》SL 203 的有关规定执行。 | | |

续表

| 序号 | 条款号 | 强制性条文内容 | 执行情况 符合/不符合/不涉及 | 设计人签字 |
|---|---|---|---|---|
| 3 | 10.1.3 | 修建与堤防交叉、连接的各类建筑物、构筑物,应进行洪水影响评价,不得影响堤防运用和防汛安全。 | | |

强条汇编章节 4-5-2

标准名称 《混凝土面板堆石坝设计规范》　标准编号 SL 228—2013

| 序号 | 条款号 | 强制性条文内容 | 执行情况 符合/不符合/不涉及 | 设计人签字 |
|---|---|---|---|---|
| 1 | 3.1.6 | 混凝土面板坝的泄水、放水建筑物布置,应考虑下列要求:<br>3 对于高坝、中坝地震设计烈度为8度、9度的坝,不应采用布置在软基上的坝下埋管型式。低坝采用软基上的坝下埋管时,应有充分的技术论证。<br>4 高坝、重要工程,地震设计烈度为8度、9度的混凝土面板堆石坝,应设置放空设施。 | | |
| 2 | 8.2.1 | 面板厚度的确定应满足下列要求:<br>1 应满足钢筋和止水布置要求,顶部厚度不应小于0.3 m。150 m以上的高坝宜加大面板顶部厚度。<br>2 控制渗透水力梯度不应超过200。 | | |

续表

| 标准名称 | 序号 | 条款号 | 强制性条文内容 | 执行情况 | 符合/不符合/不涉及 | 设计人签字 |
|---|---|---|---|---|---|---|
| 《碾压式土石坝设计规范》 | 1 | 4.1.6 | 防渗土料应满足下列要求：<br>1 渗透系数，均质坝不大于 $1×10^{-4}$ cm/s，心墙和斜墙不大于 $1×10^{-5}$ cm/s。<br>2 水溶盐中易溶盐和中溶盐的含量，按质量计不大于3%。 |  |  | SL 274—2020<br>4-5-3 |
|  | 2 | 4.1.16 | 反滤料，过渡层料和排水体料，应符合下列要求：<br>1 质地致密，抗水性和抗风化性能满足工程运用条件要求的砂砾石和硬岩。<br>2 具有要求的级配，反滤料应为连续级配。<br>3 具有要求的透水性。<br>4 粒径小于 0.075 mm 的颗粒含量应不超过5%。 |  |  |  |
|  | 3 | 4.2.3 | 黏性土的压实度应符合下列要求：<br>1 1级坝，2级坝和3级坝以下高坝的压实度不应低于98%，3级中坝、低坝及3级以下中坝压实度不应低于96%。 |  |  |  |

续表

| 序号 | 条款号 | 条文内容 | | |
|---|---|---|---|---|
| 4 | 4.2.5 | 砂砾石和砂的填筑标准应以相对密度作为设计控制指标，并应符合下列要求：<br>1 砂砾石的相对密度不应低于0.75，砂的相对密度不应低于0.70，反滤料宜0.70。<br>2 砂砾料中粗粒料含量小于50%时，应保证粒径小于5mm的细料的相对密度也符合上述要求。 | | |
| 5 | 5.6.2 | 土质防渗体与坝壳、与坝基透水层之间以及下游渗流出逸处，应设置反滤层。 | | |

强条汇编章节

| 标准名称 | 《混凝土拱坝设计规范》 | | 标准编号 | SL 282—2018 |
|---|---|---|---|---|
| 序号 | 条款号 | 强制性条文内容 | 执行情况 | 符合/不符合/不涉及 | 设计人签字 |
| 1 | 9.4.6 | 帷幕体防渗标准和相对隔水层的透水率根据不同坝高采用下列控制标准：<br>1 坝高在100m以上，透水率 $q$ 为1～3 Lu。<br>2 坝高在50～100m之间，透水率 $q$ 为3～5 Lu。 | 4-5-4 | | |

续表

| 强条汇编章节 | | 4-5-5 | | 标准编号 | SL 319—2018 |
| --- | --- | --- | --- | --- | --- |
| 标准名称 | | 《混凝土重力坝设计规范》 | | | |
| 序号 | 条款号 | 强制性条文内容 | 执行情况 | 符合/不符合/不涉及 | 设计人签字 |
| 1 | 7.4.4 | 帷幕体防渗标准和相对隔水层的透水率根据不同坝高采用下列控制标准：<br>1　坝高在 100 m 以上，透水率 $q$ 为 1～3 Lu。<br>2　坝高在 50～100 m 之间，透水率 $q$ 为 3～5 Lu。 | | | |

附表 E.9　水利工程勘测设计项目执行强制性条文情况检查表（工程设计——输水、泄水建筑物）

| 设计阶段 | 初步设计，施工图设计 | | | |
|---|---|---|---|---|
| 设计文件及编号 | | | | |
| 检查专业 | □水文　□勘测　□规划　☑水工　□机电与金属结构<br>□环境保护　□水土保持　□征地移民　□劳动安全与卫生　☑其他 | | | |
| 强条汇编章节 | 4-6-1 | | | |
| 标准名称 | 《小型水力发电站设计规范》 | | 标准编号 | GB 50071—2014 |
| 序号 | 条款号 | 强制性条文内容 | 执行情况<br>符合/不符合/不涉及 | 设计人签字 |
| 1 | 5.5.12 | 有压引水隧洞全线洞顶以上的压力水头，在最不利运行工况下，不应小于 2.0 m。 | | |
| 强条汇编章节 | 4-6-2 | | | |
| 标准名称 | 《水工隧洞设计规范》 | | 标准编号 | SL 279—2016 |
| 序号 | 条款号 | 强制性条文内容 | 执行情况<br>符合/不符合/不涉及 | 设计人签字 |
| 1 | 5.1.2 | 洞内流态应符合下列要求：<br>1　有压隧洞不应出现明满交替的流态，在最不利运行条件下，全线洞顶处最小压力水头不应小于 2.0 m。<br>2　高流速的泄洪隧洞不应出现明满流交替的流态。 | | |
| 2 | 9.8.8 | 封堵体按抗剪断强度计算的抗滑稳定安全系数不应小于 3.0。 | | |
| 3 | 10.1.1 | 混凝土、钢筋混凝土衬砌及封堵体顶部（顶拱）与围岩之间，必须进行回填灌浆。 | | |

续表

| 强条汇编章节 | 4-6-3 | | | | |
|---|---|---|---|---|---|
| 标准名称 | 《村镇供水工程技术规范》 | | | 标准编号 | SL 310—2019 |
| 序号 | 条款号 | 强制性条文内容 | 执行情况 | 符合/不符合/不涉及 | 设计人签字 |
| 1 | 7.1.5 | 村镇生活饮用水管网，严禁与非生活饮用水管网连接。 | | | |

| 强条汇编章节 | 4-6-4 | | | | |
|---|---|---|---|---|---|
| 标准名称 | 《牧区草地灌溉与排水技术规范》 | | | 标准编号 | SL 334—2016 |
| 序号 | 条款号 | 强制性条文内容 | 执行情况 | 符合/不符合/不涉及 | 设计人签字 |
| 1 | | 标准已更新，更新后的标准无强制性条文。 | | | |

| 强条汇编章节 | 4-6-5 | | | | |
|---|---|---|---|---|---|
| 标准名称 | 《预应力钢筒混凝土管道技术规范》 | | | 标准编号 | SL 702—2015 |
| 序号 | 条款号 | 强制性条文内容 | 执行情况 | 符合/不符合/不涉及 | 设计人签字 |
| 1 | 4.0.6 | 在输水管道运行中，应保证在各种设计工况下管道不出现负压，在最不利运行条件下，压力管道顶部应有不少于 2.0 m 的压力水头。 | | | |

## 附表 E.10　水利工程勘测设计项目执行强制性条文情况检查表（工程设计——水电站建筑物）

| 设计阶段 | 初步设计、施工图设计 | | |
|---|---|---|---|
| 设计文件及编号 | | | |
| 检查专业 | □水文　□勘测　□规划　☑水工　□机电与金属结构<br>□环境保护　□水土保持　□征地移民　□劳动安全与卫生　☑其他 | | |
| 强条汇编章节 | 4-7-1 | | |
| 标准名称 | 《水电站厂房设计规范》 | 标准编号 | SL 266—2014 |
| 序号 | 条款号 | 强制性条文内容 | 执行情况 | 符合/不符合/不涉及 | 设计人签字 |
| 1 | 7.1.14 | 地下厂房至少应有 2 个通至地面的安全出口。 | | | |

附表 E.11　水利工程勘测设计项目执行强制性条文情况检查表（工程设计——防火）

| 设计阶段 | 初步设计、施工图设计 | | |
|---|---|---|---|
| 设计文件及编号 | | | |
| 检查专业 | □水文　□勘测　□规划　☑水工　□机电与金属结构 □环境保护　□水土保持　□征地移民　□劳动安全与卫生　☑其他 | | |
| 强条汇编章节 | 4-8-1 | | |
| 标准名称 | 《水利工程设计防火规范》 | 标准编号 | GB 50987—2014 |
| 序号 | 条款号 | 强制性条文内容 | 执行情况 | 符合/不符合/不涉及 | 设计人签字 |

续表

枢纽内相邻建筑物之间的防火间距不应小于表 4.1.1 的规定。

**表 4.1.1　枢纽内相邻建筑物之间的防火间距**　单位:m

| 建(构)筑物类型 | | 丁类、戊类建筑 | | | 厂外油罐室或露天油罐 | | 高层副厂房 | 办公、生活建筑 | |
|---|---|---|---|---|---|---|---|---|---|
| | | 耐火等级 | | | 耐火等级 | | | 耐火等级 | |
| | | 一级、二级 | 三级 | | 一级、二级 | 三级 | | 一级、二级 | 三级 |
| 丁类、戊类建筑 | 耐火等级 | 一级、二级 | 10 | 12 | 12 | 13 | — | 13 | 12 |
| | | 三级 | 12 | 14 | 15 | 15 | 15 | 13 | 14 |
| 厂外油罐室或露天油罐 | | | 12 | 15 | — | 15 | 15 | 20 |
| 高层副厂房 | | | 13 | 15 | 15 | — | 13 | 15 |
| 办公、生活建筑 | 耐火等级 | 一级、二级 | 10 | 12 | 12 | 13 | 6 | 7 |
| | | 三级 | 12 | 14 | 20 | 15 | 7 | 8 |

1

4.1.1

续表

注:1 防火间距应按相邻建筑物外墙的最近距离计算,如外墙有凸出的燃烧构件,则应从其凸出部分外缘算起。

2 两座均为一级、二级耐火等级的丁类、戊类建筑物,当相邻较低一面外墙为防火墙,且该建筑物屋盖的耐火极限不低于 1 h 时,其防火间距不应小于 4.0 m。

3 两座相邻建筑物当较高一面外墙为防火墙时,其防火间距不限。

| 2 | 4.1.2 | 室外主变压器场与建筑物、厂外油罐室或露天油罐的防火间距不应小于表4.1.2的规定。 |

室外主变压器场与建筑物、厂外油罐室或露天油罐的防火间距不应小于表4.1.2的规定。

**表4.1.2 室外主变压器场与建筑物、厂外油罐室或露天油罐的防火间距** 单位：m

| 名称 | 枢纽建筑物 耐火等级 一级、二级 | 其他建筑 耐火等级 | | | 厂外油罐室或露天油罐 耐火等级 一级、二级 |
| --- | --- | --- | --- | --- | --- |
| | | 一级、二级 | 三级 | 四级 | |
| 单强变压器油量/t ≥5、≤10 | 12 | 15 | 20 | 25 | 12 |
| >10、≤50 | 15 | 20 | 25 | 30 | 15 |
| >50 | 20 | 25 | 30 | 35 | 20 |

注：防火间距应从距建筑物、厂外油罐室或露天油罐最近的变压器外壁算起。

续表 4-8-2

| 强条汇编章节 | | | | |
|---|---|---|---|---|
| 标准名称 | | 《水利系统通信业务技术导则》 | 标准编号 | SL/T 292—2020 |
| 序号 | 条款号 | 强制性条文内容 | 执行情况<br>符合/不符合/不涉及 | 设计人签字 |
| 1 | | 标准已更新，更新后的标准无强制性条文。 | | |

## 附表 E.12 水利工程勘测设计项目执行强制性条文情况检查表（工程设计——安全监测）

| 设计阶段 | 初步设计、施工图设计 | | |
|---|---|---|---|
| 设计文件及编号 | | | |
| 检查专业 | □水文　□勘测　□规划　□水工　□机电与金属结构<br>□环境保护　□水土保持　□征地移民　□劳动安全与卫生　☑其他 | | |
| 强条汇编章节 | 4-9-1 | | |
| 标准名称 | 《碾压式土石坝设计规范》 | 标准编号 | SL 274—2020 |
| 序号 | 条款号 | 强制性条文内容 | 执行情况 | 符合/不符合/不涉及 |
| 1 | | 标准已更新，更新后的标准在本部分无强制性条文。 | — | 设计人签字 |

附表 E.13 水利工程勘测设计项目执行强制性条文情况检查表（工程设计——工程管理设计）

| 设计阶段 | 初步设计，施工图设计 | | |
|---|---|---|---|
| 设计文件及编号 | | | |
| 检查专业 | □水文 □勘测 □规划 □水工 ☑机电与金属结构<br>□环境保护 □水土保持 □征地移民 □劳动安全与卫生 □其他 | | |
| 强条汇编章节 | 4-10-1 | | |
| 标准名称 | 《堤防工程管理设计规范》 | 标准编号 | SL/T 171—2020 |
| 序号 | 强制性条文内容 | 执行情况 | 符合/不符合/不涉及 |
| 条款号 | | | 设计人签字 |
| 1 | 标准已更新，更新后的标准无强制性条文。 | | |

附表 E.14　水利工程勘测设计项目执行强制性条文情况检查表（机电与金属结构——电气）

| 设计阶段 | | 初步设计、施工图设计 |
|---|---|---|
| 设计文件及编号 | | |
| 检查专业 | | □水文　□勘测　□水工　☑机电与金属结构<br>□环境保护　□水土保持　□征地移民　□劳动安全与卫生　□其他 |
| 强条汇编章节 | | 5-1-1 |
| 标准名称 | | 《水利工程设计防火规范》 |
| | | 标准编号　GB 50987—2014 |
| 序号 | 条款号 | 强制性条文内容 | 执行情况 | 符合/不符合/不涉及 |
| 1 | 6.1.3 | 相邻两台油浸式变压器之间或油浸式电抗器油枕顶端与油浸式变压器或油浸式电抗器油枕或油浸式变压器与充油电气设备之间的防火间距不满足本规范第 6.1.1 条、第 6.1.2 条规定时，应设置防火墙分隔。防火墙的设置应符合下列规定：<br>　1　高度应高于变压器油枕或油浸式变压器油枕顶端 0.3 m；<br>　2　长度不应小于贮油坑两端各加 1.0 m 之和；<br>　3　与油坑外缘的距离不应小于 0.5 m。 | | 设计人签字 |

续表

| | | |
|---|---|---|
| 2 | 6.1.4 | 厂房外墙与室外油浸式变压器外缘的距离小于本规范表4.1.2规定时，该外墙应采用防火墙，且与变压器外缘的距离不应小于0.8 m。<br><br>距油浸式变压器外缘5.0 m以内的防火墙，在变压器总高度加3.0 m的水平线以下及两侧外缘各加3.0 m的范围内，不应开设门窗和孔洞；在其范围以外需开设门窗时，应设置A1.50防火门或A1.50固定式防火窗。发电机母线或电缆穿越防火墙时，周围空隙应用不燃烧材料封堵，其耐火极限应与防火墙相同。<br><br>表4.1.2 室外主变压器场与建筑物、厂外油罐室或露天油罐的防火间距<br>单位：m |
| 3 | 10.1.2 | 消防用电设备应采用独立的双回路供电，并应在其末端设置双电源自动切换装置。 |

表4.1.2 室外主变压器场与建筑物、厂外油罐室或露天油罐的防火间距　　单位：m

| 名称 | 枢纽建筑物 | | 其他建筑 | | | 厂外油罐室或露天油罐 |
|---|---|---|---|---|---|---|
| | 耐火等级 | | 耐火等级 | | | 耐火等级 |
| | 一级、二级 | 三级 | 一级、二级 | 三级 | 四级 | 一级、二级 |
| 单台变压器油量/t ≥5,≤10 | 12 | 15 | 15 | 20 | 25 | 12 |
| >10,≤50 | 15 | 20 | 20 | 25 | 30 | 15 |
| >50 | 20 | 25 | 25 | 30 | 35 | 20 |

注：防火间距应从距建筑物、厂外油罐室或露天油罐最近的变压器外壁算起。

续表

| 强条汇编章节 | | 5-1-2 | | | |
|---|---|---|---|---|---|
| 标准名称 | | 《小型水力发电站自动化设计规范》 | | 标准编号 | SL 229—2011 |
| 序号 | 条款号 | 强制性条文内容 | | 执行情况 符合/不符合/不涉及 | 设计人签字 |
| 1 | 3.1.2 | 水轮发电机组自动控制应符合下列基本要求：10 在机组控制屏上应设置紧急停机按钮，采用硬接线方式分别关闭进水阀（快速闸门）、启动紧急停机电磁阀（事故配压阀），启动事故停机流程。 | | | |
| 2 | 3.2.6 | 快速（事故）闸门应在中控室设置紧急关闭闸门的控制按钮。 | | | |
| 强条汇编章节 | | 5-1-3 | | | |
| 标准名称 | | 《水利水电工程高压配电装置设计规范》 | | 标准编号 | SL 311—2004 |
| 序号 | 条款号 | 强制性条文内容 | | 执行情况 符合/不符合/不涉及 | 设计人签字 |

续表

| | | | |
|---|---|---|---|
| 1 | 3.1.11 | 在正常运行和短路时，电器引线的最大作用力应不大于电器端子允许的荷载。屋外配电装置的导体、套管、绝缘子和金具，应根据当地气象条件和不同受力状态进行力学计算。其安全系数应不小于表 3.1.11 的规定。 表 3.1.11　导体和绝缘子的安全系数 | |

表 3.1.11　导体和绝缘子的安全系数

| 类别 | 荷载长期作用时 | 荷载短时作用时 |
|---|---|---|
| 套管，支持绝缘子及其金具 | 2.5 | 1.67 |
| 悬式绝缘子[a] 及其金具 | 4 | 2.5 |
| 软导体 | 4 | 2.5 |
| 硬导体[b] | 2.0 | 1.67 |

a：悬式绝缘子的安全系数对应于 1 h 机电试验荷载。

b：硬导体的安全系数对应于破坏应力，若对应于屈服点应力，其安全系数应分别改为 1.6 和 1.4。

续表

屋外配电装置的安全净距应不小于表 4.1.1 的规定,并应按图 4.1.1-1、图 4.1.1-2 和图 4.1.1-3校验。当电气设备外绝缘体最低部位距地面小于 2.5 m 时,应装设固定遮栏。

表 4.1.1　屋外配电装置的安全净距　　单位:mm

| 符号 | 适应范围 | 图号 | 系统标称电压/kV | | | | | | | |
|---|---|---|---|---|---|---|---|---|---|---|
| | | | 3~10 | 15~20 | 35 | 66 | 110J | 220J | 330J | 500J |
| $A_1$ | 带电部分至接地部分之间 | 4.1.1-1 | | | | | | | | |
| | 网状遮栏向上延伸线距地2.5 m 处与遮栏上方带电部分之间 | 4.1.1-2 | 200 | 300 | 400 | 650 | 900 | 1800 | 2500 | 3800[c] |
| $A_2$ | 不同相的带电部分之间 | 4.1.1-1 | | | | | | | | |
| | 断路器和隔离开关的断口两侧引线带电部分之间 | 4.1.1-3 | 200 | 300 | 400 | 650 | 1000 | 2000 | 2800 | 4300 |
| $B_1$ | 设备运输时,其外廓至无遮栏带电部分之间 交叉的不同时停电检修的无遮栏带电部分之间 | 4.1.1-1 | | | | | | | | |
| | 栅状遮栏至带电部分之间[a] | 4.1.1-2 | 950 | 1050 | 1150 | 1400 | 1650[b] | 2550[b] | 3250[b] | 4550[b] |
| | 带电作业时带电部分至接地部分之间[b] | 4.1.1-3 | | | | | | | | |

2　4.1.1

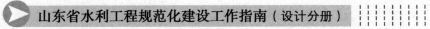
续表

续表

| 符号 | 适应范围 | 图号 | 系统标称电压/kV | | | | | | | |
|---|---|---|---|---|---|---|---|---|---|---|
| | | | 3~10 | 15~20 | 35 | 66 | 110J | 220J | 330J | 500J |
| B₂ | 网状遮栏至带电部分之间 | 4.1.1-2 | 300 | 400 | 500 | 750 | 1000 | 1900 | 2600 | 3900 |
| C | 无遮栏导体至地面之间 无遮栏裸导体至建筑物、构筑物顶部之间 | 4.1.1-2 4.1.1-3 | 2700 | 2800 | 2900 | 3100 | 3400 | 4300 | 5000 | 7500 |
| D | 平行的不同时停电检修的无遮栏带电部分之间 带电部分与建筑物、构筑物的边沿部分之间 | 4.1.1-1 4.1.1-2 | 2200 | 2300 | 2400 | 2600 | 2900 | 3800 | 4500 | 5800 |

注1：110J、220J、330J、500J 系指中性点直接接地电网。

注2：海拔超过1000 m时，$A$值应按附录E进行修正。

注3：本表所列各值不适用于制造厂的产品设计。

a：对于220 kV及以上电压，可按绝缘体电位的实际分布，采用相应的$B_1$值进行校验。此时，允许栅状遮栏与绝缘体的距离小于$B_1$值。当无给定的分布电位时，可按线性分布计算。校验500 kV相间通道的安全净距，亦可用此原则。

b：带电作业时，不同相或交叉的不同回路带电部分之间，其$B_1$值可取$A_2＋750$ mm。

c：500 kV的$A_1$值，双分裂软导线至接地部分之间可取3500 mm。

续表

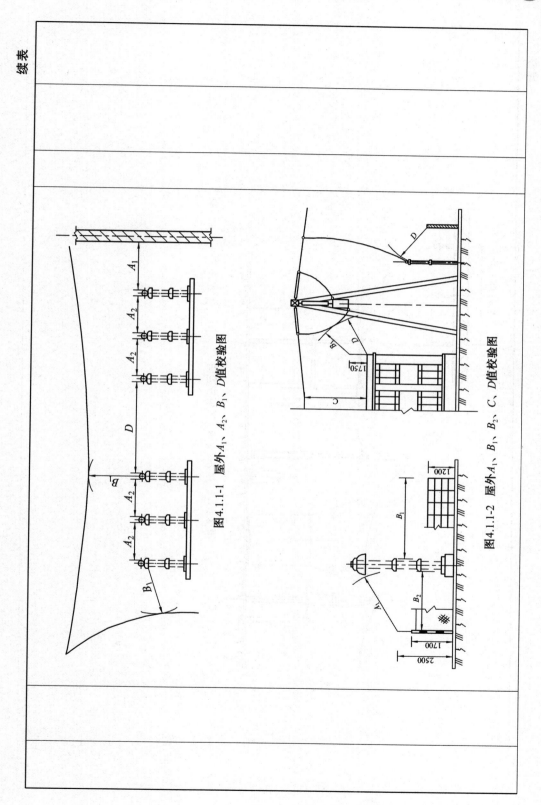

图4.1.1-1 屋外 $A_1$、$A_2$、$B_1$、$D$值校验图

图4.1.1-2 屋外 $A_1$、$B_1$、$B_2$、$C$、$D$值校验图

续表

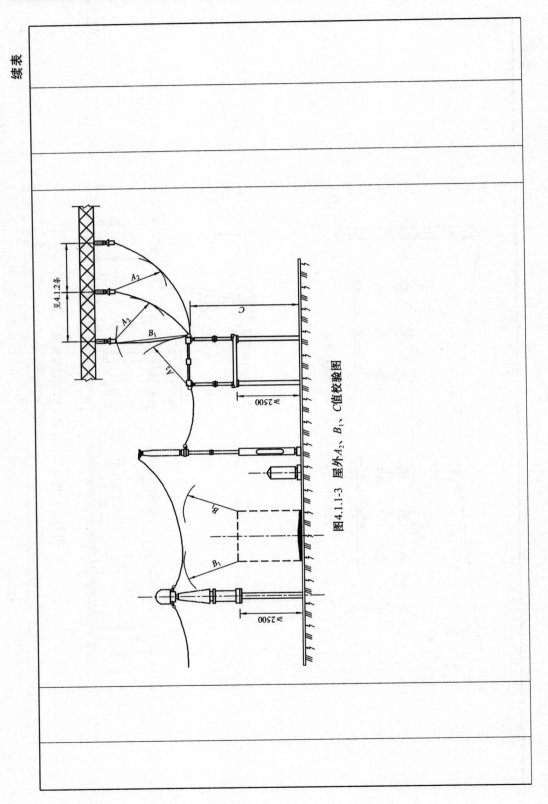

图4.1.1-3 屋外$A_2$、$B_1$、$C$值校验图

续表

屋外配电装置使用软导线时，在不同条件下，带电部分至接地部分和不同相带电部分之间的安全净距，应根据表4.1.2进行校验，并应采用其中最大数值。

**表4.1.2 不同条件下的计算风速和安全净距** 单位：mm

| 条件 | 校验条件 | 计算风速/(m/s) | A值 | 系统标称电压/kV | | | | | |
|---|---|---|---|---|---|---|---|---|---|
| | | | | 35 | 66 | 110J | 220J | 330J | 500J |
| 雷电过电压 | 雷电过电压和风偏 | 10 | $A_1$ | 400 | 650 | 900 | 1800 | 2400 | 3200 |
| | | | $A_2$ | 400 | 650 | 1000 | 2000 | 2600 | 3600 |
| 操作过电压 | 操作过电压和风偏 | 最大设计风速的50% | $A_1$ | 400 | 650 | 900 | 1800 | 2500 | 3500 |
| | | | $A_2$ | 400 | 650 | 1000 | 2000 | 2800 | 4300 |
| 最高工作电压 | 最高工作电压、短路和10 m/s风速时的风偏 | | $A_1$ | 150 | 300 | 300 | 600 | 1100 | 1600 |
| | 最高工作电压和最大设计风速时的风偏 | | $A_2$ | 150 | 300 | 500 | 900 | 1700 | 2400 |

注：在气象条件恶劣（如最大设计风速为35 m/s及以上，以及雷暴时风速较大的地区），校验雷电过电压时的安全净距，其计算风速采用15 m/s。

4.1.2

3

续表

屋内配电装置的安全净距不应小于表4.1.3的规定,并应按图4.1.3-1和图4.1.3-2校验。当电气设备外绝缘体最低部位距地面小于2.3m时,应装设固定遮栏。

表4.1.3　屋内配电装置的安全净距　单位:mm

| 符号 | 适应范围 | 图号 | 系统标称电压/kV | | | | | | | | |
| --- | --- | --- | --- | --- | --- | --- | --- | --- | --- | --- | --- |
| | | | 3 | 6 | 10 | 15 | 20 | 35 | 66 | 110J | 220J |
| $A_1$ | 带电部分至接地部分之间 网状和板状遮栏向上延伸线距地2.3m处与遮栏上方带电部分之间 | 4.1.3-1 | 75 | 100 | 125 | 150 | 180 | 300 | 550 | 850 | 1800 |
| $A_2$ | 不同相的带电部分之间 断路器和隔离开关的断口两侧引线带电部分之间 | 4.1.3-1 | 75 | 100 | 125 | 150 | 180 | 300 | 550 | 900 | 2000 |
| $B_1$ | 栅状遮栏至带电部分之间 交叉的不同时停电检修的无遮栏裸带电部分之间 | 4.1.3-1 4.1.3-2 | 825 | 850 | 875 | 900 | 930 | 1050 | 1300 | 1600 | 2550 |

| 4 | 4.1.3 | | | |
| --- | --- | --- | --- | --- |

续表

| 符号 | 适应范围 | 图号 | 系统标称电压/kV | | | | | | | | |
|---|---|---|---|---|---|---|---|---|---|---|---|
| | | | 3 | 6 | 10 | 15 | 20 | 35 | 66 | 110J | 220J |
| $B_2$ | 网状遮栏至带电部分之间ᵃ | 4.1.3-1 | 175 | 200 | 225 | 250 | 280 | 400 | 650 | 950 | 1900 |
| $C$ | 无遮栏裸导体至地(楼)面之间 | 4.1.3-1 | 2500 | 2500 | 2500 | 2500 | 2500 | 2600 | 2850 | 3150 | 4100 |
| $D$ | 平行的不同时停电检修的无遮栏裸导体之间 | 4.1.3-1 | 1875 | 1900 | 1925 | 1950 | 1980 | 2100 | 2350 | 2650 | 3600 |
| $E$ | 通向屋外的出线套管至屋外通道的路面ᵇ | 4.1.3-2 | 4000 | 4000 | 4000 | 4000 | 4000 | 4000 | 4500 | 5000 | 5500 |

注1:110J、220J 系指中性点有效接地电网。

注2:海拔超过1000 m时,A 值应按附录 E 进行修正。

注3:本表所列各值不适用于制造厂的产品设计。

a:当为板状遮栏时,其 $B_2$ 值可取 $A_1+30$ mm。

b:通向屋外配电装置的出线套管至屋外地面的距离,不应小于表 4.1.1 中所列屋外部分之 C 值。

续表

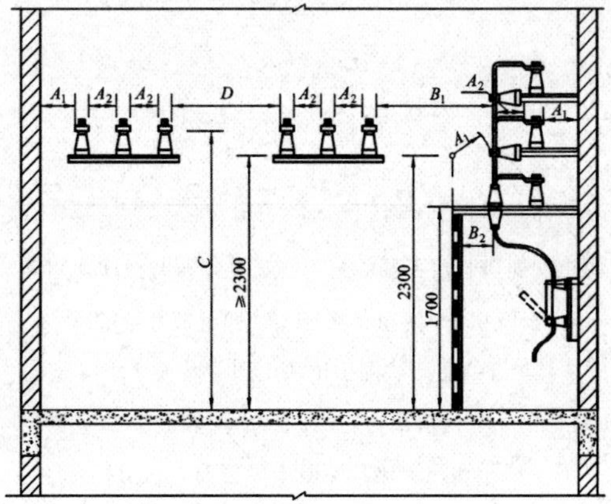

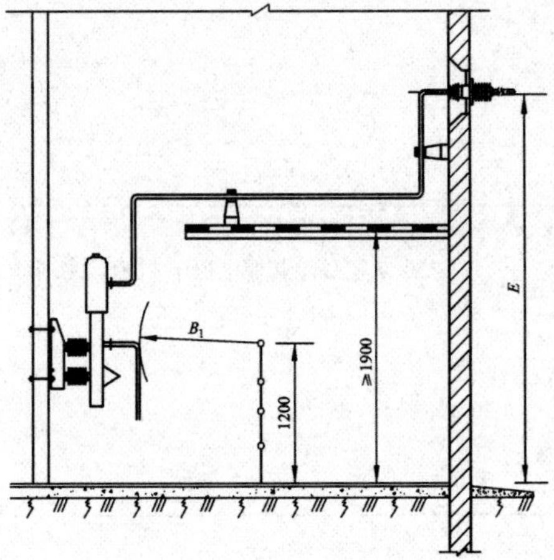

图4.1.3-2 屋内 $B_1$、$E$ 值校验图

图4.1.3-1 屋内 $A_1$、$A_2$、$B_1$、$B_2$、$C$、$D$ 值校验图

续表

| 序 | 条款号 | 强制性条文内容 | 执行情况 | 设计人 |
|---|---|---|---|---|
| 5 | 4.1.4 | 配电装置中相邻带电部分的系统标称电压不同时，应按较高的系统标称电压确定其安全净距。 | | |
| 6 | 4.3.5 | 屋内外配电装置均应装设安全操作的闭锁装置及联锁装置。 | | |
| 7 | 4.4.8 | 厂区内的屋外配电装置场地四周应设置 2200～2500 mm 高的实体围墙；厂区内的屋外配电装置周围应设置围栏，高度应不小于 1500 mm。 | | |
| 8 | 7.0.1 | 配电装置室的建筑符合下列要求：<br>1 长度大于 7 m 的配电装置室，应有两个出口，并宜布置在配电装置室的两端；长度大于 60 m 时，宜增添一个出口；当配电装置室有楼层时，一个出口可设在通往屋外楼梯的平台处。<br>3 配电装置室应设防火门，并应向外开启，防火门应装弹簧锁，严禁用门闩。相邻配电装置室之间如有门时，应能双向开启。 | | |

| 强条汇编章节 | | 5-1-4 | | |
|---|---|---|---|---|
| 标准名称 | | 《水利水电工程厂（站）用电系统设计规范》 | 标准编号 | SL 485—2010 |
| 序号 | 条款号 | 强制性条文内容 | 执行情况 | 设计人 |
| | | | 符合／不符合／不涉及 | 签字 |
| 1 | 3.1.5 | 有泄洪要求的大坝闸门启闭机应有 2 个电源。 | | |

续表

| 序号 | 条款号 | 强制性条文内容 | 执行情况 | 符合/不符合/不涉及 | | |
|---|---|---|---|---|---|---|
| 2 | 3.1.6 | 对特别重要的大中型水力发电厂、泵站、泄洪设施等，如有可能失去厂（站）用电电源、影响大坝安全度汛或可能水淹厂房而危及人身设置安全时，应设置能自动快速启动的柴油发电机组或其他应急电源，其容量应满足泄洪设施、渗漏排水等可能出现的最大负荷的需要。 | 标准编号 | | SL 511—2011 | |
| | | | | | 设计人签字 | |

强条汇编章节 5-1-5

标准名称 《水利水电工程机电设计技术规范》

| 序号 | 条款号 | 强制性条文内容 | 执行情况 | 符合/不符合/不涉及 | | |
|---|---|---|---|---|---|---|
| 1 | 3.6.10 | 屋内外配电装置均应装设安全操作的闭锁装置及联锁装置。 | | | | |
| 2 | 3.7.5 | 有泄洪要求的大坝闸门启闭机应有2个电源。 | | | | |
| 3 | 3.7.6 | 对特别重要的大中型水电厂、泵站和泄洪设施等，如有可能失去厂（站）用电电源、影响大坝安全度汛或可能水淹厂房而危及人身设备安全时，应设置能自动快速启动的柴油发电机组或其他应急电源，其容量应满足泄洪设施、渗漏排水等可能出现的最大负荷的需要。 | | | | |

续表

| | | | |
|---|---|---|---|
| 4 | 3.10.6 | 各场所照明电压的选择应符合下列规定：<br>3 对照明器具安装高度低于 2.4 m 的场所，如水轮机（水泵）室、发电机（电动机）风洞和廊道等，应设有防止触电的安全措施或采用 24 V 及以下安全特低电压。<br>4 检修用携带式作业灯应采用 24 V 及以下安全特低电压供电。 | |
| 5 | 3.11.8 | 电缆隧道每隔 60 m 处、电缆沟道每隔 200 m 处和电缆室每隔 300 m²，均宜设一个防火分隔物。防火分隔物应采用耐火极限不低于 1.0 h 的非燃烧材料。防火分隔物上设的门应为丙级防火门。两侧各 1 m 的电缆区段上，应采取防止串火措施。 | |
| 6 | 3.11.9 | 电缆竖（斜）井的上、下两端可用防火网封堵，竖（斜）井中间每隔 60 m 应设一个封堵。进出竖（斜）井电缆的孔口应采用耐火极限不低于 1.0 h 的非燃烧材料封堵。 | |
| 7 | 3.11.10 | 电缆穿越楼板、隔墙的孔洞和进出开关柜、配电盘、控制盘、自动装置盘、继电保护盘等的孔洞，以及靠近充油电气设备的电缆沟盖板缝隙处，均应采用非燃烧材料封堵。 | |

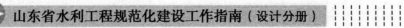

续表

| | | | | |
|---|---|---|---|---|
| 8 | 6.4.7 | 布置在地下或坝体内的主变压器室，应为一级耐火等级，并应设置独立的事故通风系统。防火隔墙应封闭到顶，并采用甲级防火门或防火卷帘，且不应直接开向主厂房或正对进厂交通道。地下主变压器廊道应设有 2 个安全出口。 | | |
| 9 | 6.5.18 | 厂区外的屋外配电装置场地四周应设置 2.2～2.5 m 高的围墙；厂区内的屋外配电装置四周应设置围栏，其高度应不小于 1.5 m。 | | |
| 10 | 6.5.20 | 屋外配电装置带电部分的上部或下部，不应有照明、通信和信号线路架空跨越或穿过；屋内配电装置裸露带电部分的上部不应有明敷的照明或动力线路跨越。 | | |
| 11 | 6.5.21 | 配电装置中相邻带电部分的额定电压不同时，应按高的额定电压确定其安全净距。 | | |

续表

| 强条汇编章节 | 5-1-6 | | | | | | |
|---|---|---|---|---|---|---|---|
| 标准名称 | 《水利水电工程导体和电器选择设计规范》 | | | | 标准编号 | SL 561—2012 | |
| 序号 | 条款号 | 强制性条文内容 | | | 执行情况 | 符合/不符合/不涉及 | 设计人签字 |
| 1 | 2.0.15 | 户外配电装置的导体、套管、绝缘子和金具，应根据当地气象条件和不同受力状态进行力学计算。其安全系数不应小于表2.0.15的规定。<br><br>表2.0.15　导体、套管、绝缘子和金具的安全系数 | | | | | |

表2.0.15　导体、套管、绝缘子和金具的安全系数

| 类别 | 荷载长期作用时 | 荷载短时作用时 |
|---|---|---|
| 套管、支持绝缘子及其金具 | 2.50 | 1.67 |
| 悬式绝缘子及其金具 | 5.30 | 3.30 |
| 软导体 | 4.00 | 2.50 |
| 硬导体 | 2.00 | 1.67 |

注1：悬式绝缘子的安全系数系对应于额定机电破坏负荷。

注2：硬导体的安全系数系对应于破坏应力，若对应于屈服点应力，应分别改为1.60和1.40。

**附表 E.15　水利工程勘测设计项目执行强制性条文情况检查表（机电与金属结构——金属结构）**

| 设计阶段 | 初步设计、施工图设计 | | | |
|---|---|---|---|---|
| 设计文件及编号 | | | | |
| 检查专业 | □水文　□勘测　□规划　□水工　☑机电与金属结构<br>□环境保护　□水土保持　□征地移民　□劳动安全与卫生　□其他 | | | |
| 强条汇编章节 | 5-2-1 | | | |

| 标准名称 | 《小型水力发电站设计规范》 | | 标准编号 | GB 50071—2014 |
|---|---|---|---|---|
| 序号 | 条款号 | 强制性条文内容 | 执行情况 | 符合/不符合/不涉及 |
| 1 | 5.5.53 | 焊接成型的钢管应进行焊缝探伤检查和水压试验。试验压力值不应小于 1.25 倍正常工作情况最高内水压力，也不得小于特殊工况的最高内水压力。 | | |
| 2 | 8.1.4 | 潜孔式闸门门门后不能充分通气时，应在紧靠闸门下游孔口的顶部设置通气孔，其顶端应与启闭机室分开，并高出校核洪水位，孔口应设置防护设施。 | | |

设计人签字

| 强条汇编章节 | 5-2-2 | | | |
|---|---|---|---|---|

| 标准名称 | 《升船机设计规范》 | | 标准编号 | GB 51177—2016 |
|---|---|---|---|---|
| 序号 | 条款号 | 强制性条文内容 | 执行情况 | 符合/不符合/不涉及 |
| 1 | 4.3.14 | 垂直升船机提升钢丝绳的安全系数按整绳最小破断拉力和额定荷载计算不得小于 8.0，平衡钢丝绳的安全系数按静荷载计算不得小于 7.0，钢丝强度等级不应大于 1960 MPa。 | | |

设计人签字

续表

| 序号 | 条款节 | | 执行情况 | 符合/不符合/不涉及 |
|---|---|---|---|---|
| 2 | 6.5.16 | 在锁定状态下安全机构螺杆与螺母柱的螺纹副必须可靠自锁。 | | |
| 3 | 6.7.5 | 顶紧装置应符合下列规定：3 顶紧装置应采用机械式自锁机构，不得采用液压油缸直接顶紧方案。顶紧机构及其液压控制回路必须设置自锁失效安全保护装置。 | | |

强条汇编章节 5-2-3

| 标准名称 | 《水利水电工程启闭机设计规范》 | 标准编号 | SL 41—2018 |
|---|---|---|---|
| 序号 | 条款号 | 强制性条文内容 | 执行情况 符合/不符合/不涉及 | 设计人签字 |
| 1 | 3.1.7 | 启闭机选型应根据水利水电工程布置、门型、孔数、操作运行和时间要求等，经全面的技术经济论证后确定，启闭机选择应遵循下列规定：2 具有防洪、排涝功能的工作闸门，应选用固定式启闭机，一门一机布置。 | | |
| 2 | 7.1.16 | 液压启闭机必须设置行程限制器，工作原理应不同于行程检测装置，严禁采用溢流阀代替行程限制器。 | | |
| 3 | 9.2.2 | 有泄洪要求的闸门启闭机应由双重电源供电，对重要的泄洪设施，门启闭机还应设置能自动快速启动的柴油发电机组或其他应急电源。 | | |

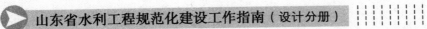
续表

| 强条汇编章节 | | | | 5-2-4 | | | |
|---|---|---|---|---|---|---|---|
| 标准名称 | | | 《水利水电工程钢闸门设计规范》 | | | 标准编号 | SL 74—2019 |
| | | | 强制性条文内容 | | 执行情况 | 符合/不符合/不涉及 | 设计人签字 |
| 序号 | 条款号 | | | | | | |
| 1 | 3.1.4 | | 具有防洪功能的泄水和水闸枢纽工作闸门的启闭机必须设置备用电源，必要时设置失电应急液控启闭装置。 | | | | |
| 2 | 3.1.10 | | 当潜孔式闸门门后不能充分通气时，必须在紧靠闸门下游孔口顶部设置通气孔，通气孔出口应高于可能发生的最高水位，其上端应与启闭机室分开，并应有防护设施。 | | | | |

| 强条汇编章节 | | | | 5-2-5 | | | |
|---|---|---|---|---|---|---|---|
| 标准名称 | | | 《水利水电工程压力钢管设计规范》 | | | 标准编号 | SL/T 281—2020 |
| | | | 强制性条文内容 | | 执行情况 | 符合/不符合/不涉及 | 设计人签字 |
| 序号 | 条款号 | | | | | | |
| 1 | | | 标准已更新，更新后的标准无强制性条文。 | | | | |

**附表 E.16 水利工程勘测设计项目执行强制性条文情况检查表（环境保护、水土保持和征地移民——环境保护）**

| 设计阶段 | | 初步设计、施工图设计 | | | |
|---|---|---|---|---|---|
| 设计文件及编号 | | | | | |
| 检查专业 | | □水文　□勘测　□规划　□水工　□机电与金属结构<br>☑环境保护　□水土保持　□征地移民　□劳动安全与卫生　□其他 | | | |
| 强条汇编章节 | | 6-1-1 | | | |
| 标准名称 | | 《江河流域规划环境影响评价规范》 | | 标准编号 | SL 45—2006 |
| 序号 | 条款号 | 强制性条文内容 | | 执行情况 | 符合/不符合/不涉及 |
| | | | | | 设计人签字 |
| 1 | 1.0.6 | 流域规划环境影响评价作为流域规划的组成部分，应贯穿流域规划的全过程。流域规划环境影响评价应与规划的层次、详尽程度相一致。 | | | |
| 强条汇编章节 | | 6-1-2 | | | |
| 标准名称 | | 《农田水利规划导则》 | | 标准编号 | SL 462—2012 |
| 序号 | 条款号 | 强制性条文内容 | | 执行情况 | 符合/不符合/不涉及 |
| | | | | | 设计人签字 |
| 1 | 4.4.5 | 在地下水超采区，地下水的开采量不应大于补给量；在受海水、咸水入侵的地区，应根据其危害程度限制或禁止开采地下水，并采取有效补水源或其他地下水防治措施；在大型地下水源地，地下水的开采量应维持多年平均采补平衡。 | | | |

续表

强条汇编章节

| 标准名称 | 《水利水电工程环境保护设计规范》 | 标准编号 | SL 492—2011 |
|---|---|---|---|

| 序号 | 条款号 | 强制性条文内容 | 执行情况 | 符合/不符合/不涉及 | 设计人签字 |
|---|---|---|---|---|---|
| 1 | 2.1.1 | 根据初步设计阶段工程建设及运行方案，应复核工程生态基流、敏感生态需水及水功能区等方面的生态与环境需水，提出保障措施。 | | | |
| 2 | 2.1.4 | 水库调度运行方案应满足河湖生态与环境需水下泄要求，明确下泄生态与环境需水的时期及相应流量等。 | | | |
| 3 | 3.3.1 | 水生生物保护应对珍稀、濒危、特有和具有重要经济、科学研究价值的野生水生动植物及其栖息地，鱼类产卵场、索饵场、越冬场，以及洄游性水生生物洄游通道等重点保护。 | | | |

强条汇编章节

| 标准名称 | 《环境影响评价技术导则　水利水电工程》 | 标准编号 | HJ/T 88—2003 |
|---|---|---|---|

| 序号 | 条款号 | 强制性条文内容 | 执行情况 | 符合/不符合/不涉及 | 设计人签字 |
|---|---|---|---|---|---|
| 1 | 6.2.1 | 水环境保护措施：<br>a.应根据水功能区划、水环境功能区划，提出防止水污染、治理污染源的措施。<br>b.工程造成水环境容量减小，并对社会经济有显著不利影响，应提出减免和补偿措施。<br>c.下泄水温影响下游农业生产和鱼类繁殖、生长，应提出水温恢复措施。 | | | |

续表

| | | | | | |
|---|---|---|---|---|---|
| 2 | 6.2.2 | 大气污染防治措施：应对生产、生活设施和运输车辆等排放废气、粉尘、扬尘提出控制要求和净化措施；制定环境空气监测计划、管理办法。 | | | |
| 3 | 6.2.3 | 环境噪声控制措施：施工现场建筑材料的开采、土石方开挖、施工附属企业、机械、交通运输车辆等释放的噪声应提出控制噪声要求；对生活区、办公区布局提出调整意见；对敏感点采取设立声屏障、隔音减噪等措施；制定噪声监控计划。 | | | |
| 4 | 6.2.4 | 施工固体废物处理处置措施：应包括施工产生的生活垃圾、建筑垃圾、生产废料处理处置等。 | | | |
| 5 | 6.2.5 | 生态保护措施：<br>a.珍稀、濒危植物或其他有保护价值的植物受到不利影响，应提出工程防护、移栽、引种繁殖栽培、种质库保存和管理等措施。工程施工损环植被，应提出植被恢复与绿化措施。<br>b.珍稀、濒危陆生动物和有保护价值的陆生动物的栖息地受到破坏或生境条件改变，应提出预留迁徙通道或建立新栖息地等保护及管理措施。<br>c.珍稀、濒危水生生物和有保护价值的水生生物的种群、数量、栖息地、洄游通道受到不利影响，应提出栖息地保护、过鱼设施、人工繁殖放流、设立保护区等保护与管理措施。 | | | |

续表

| 6 | 6.2.6 | 土壤环境保护措施：<br>a.工程引起土壤潜育化、沼泽化、盐渍化、土地沙化，应提出工程、生物、监测与管理监测措施。<br>b.清淤底泥对土壤造成污染，应采取工程、生物、监测与管理措施。 | | |
|---|---|---|---|---|
| 7 | 6.2.7 | 人群健康保护措施应包括卫生清理、疾病预防、治疗、检疫、疫情控制与管理、病媒体的杀灭及其孳生地的改造、饮用水源地的防护与监测，生活垃圾及粪便的处置、医疗保健、卫生防疫机构的健全与完善等。 | | |
| 8 | 6.2.10 | 工程对取水设施等造成不利影响，应提出补偿、防护措施。 | | |

附表 E.17 水利工程勘测设计项目执行强制性条文情况检查表（环境保护、水土保持和征地移民——水土保持）

| 设计阶段 | 初步设计、施工图设计 | | |
|---|---|---|---|
| 检查专业 | □水文　□勘测　□规划　□水工　□机电与金属结构<br>□环境保护　☑水土保持　□征地移民　□劳动安全与卫生　□其他 | | |
| 强条汇编章节 | 6-2-1 | | |
| 标准名称 | 《生产建设项目水土保持技术标准》 | 标准编号 | GB 50433—2018 |
| 序号 | 强制性条文内容 | 执行情况 | 符合/不符合/不涉及 |
| | | | 设计人签字 |
| 1 | 3.2.3 | 严禁在崩塌和滑坡危险区、泥石流易发区内设置取土（石、砂）场。 | | |
| 2 | 3.2.5 | 严禁对公共设施、基础设施、工业企业、居民点等有重大影响的区域设置弃土（石、渣、灰、矸石、尾矿）场。 | | |
| 强条汇编章节 | 6-2-2 | | |
| 标准名称 | 《水土保持工程设计规范》 | 标准编号 | GB 51018—2014 |
| 序号 | 强制性条文内容 | 执行情况 | 符合/不符合/不涉及 |
| | | | 设计人签字 |
| 1 | 7.1.5 | 淤地坝放水建筑物应满足7天完库内滞留洪水的要求。 | | |
| 2 | 12.2.2 | 弃渣场选址应符合下列规定：<br>2　严禁在对重要基础设施、人民群众生命财产安全及行洪安全有重大影响的区域内设布弃渣场。 | | |

续表

| 强条汇编章节 | 6-2-3 | | | | |
|---|---|---|---|---|---|
| 标准名称 | 《淤地坝技术规范》 | | | 标准编号 | SL/T 804—2020 |
| 序号 | 条款号 | 强制性条文内容 | 执行情况 | 符合/不符合/不涉及 | 设计人签字 |
| 1 | | 标准已更新，更新后的标准无强制性条文。 | | | |

| 强条汇编章节 | 6-2-4 | | | | |
|---|---|---|---|---|---|
| 标准名称 | 《淤地坝技术规范》 | | | 标准编号 | SL/T 804—2020 |
| 序号 | 条款号 | 强制性条文内容 | 执行情况 | 符合/不符合/不涉及 | 设计人签字 |
| 1 | | 标准已更新，更新后的标准无强制性条文。 | | | |

| 强条汇编章节 | 6-2-5 | | | | |
|---|---|---|---|---|---|
| 标准名称 | 《水利水电工程水土保持技术规范》 | | | 标准编号 | SL 575—2012 |
| 序号 | 条款号 | 强制性条文内容 | 执行情况 | 符合/不符合/不涉及 | 设计人签字 |
| 1 | 4.1.1 | 水利水电工程水土流失防治应遵循下列规定：<br>1 应控制和减少对原地貌、地表植被、水系的扰动和损毁，减少占用水土资源，注重提高资源利用效率。<br>2 对于原地表植被、表土有特殊保护要求的区域，应结合项目区实际剥离表层土、移植植物以备后期恢复利用，并根据需要采取相应防护措施。<br>3 主体工程开挖土石方应优先考虑综合利用，减少借方和弃渣。弃渣应设置专门场地予以堆放和处置，并采取拦挡防护措施。 | | | |

续表

| | | |
|---|---|---|
| | | 4 在符合功能要求且不影响工程安全的前提下,水利水电工程边坡防护应采用生态型防护措施;具备条件的砌石、混凝土等护坡及稳定岩质护坡边坡,应采取覆绿或植被措施。<br>5 水利水电工程有关植物措施设计应纳入水土保持设计。<br>6 弃渣场防护措施设计应在保证渣体稳定的基础上进行。 |
| 2 | 4.1.5 | 弃渣场选址应遵循 GB 50433—2018 第 3.2.5、3.2.6 条的规定,并应符合下列规定:<br>2 严禁在对重要基础设施、人民群众生命财产安全及行洪安全有重大影响的区域布设弃渣场。弃渣场不应影响河流、沟谷的行洪安全;弃渣不应影响水库大坝、水利工程取用水建筑物、泄水建筑物、灌(排)干渠(沟)功能,不应影响工矿企业、居民区、交通干线或其他重要基础设施的安全。 |
| 3 | 4.1.11 | 工程施工除满足 GB 50433—2018 第 3.2.8 条有关规定外,尚应符合下列规定:<br>2 风沙区、高原荒漠等生态脆弱区及草原区应划定施工作业带,严禁越界施工。 |

| | | | |
|---|---|---|---|
| 4 | 4.2.1 | 水库枢纽工程应符合下列规定：<br>4 对于高山峡谷等施工布置困难区域，经技术经济论证后可在库区内设置弃渣场，但应不影响水库设计使用功能。施工期间库区弃渣场应采取必要的拦挡、排水等措施，确保施工导流期间不影响河道行洪安全。 | |
| 5 | 6.1.2 | 特殊区域的评价应符合下列规定：<br>1 国家和省级重要地水源地保护区、国家级和省级水土流失重点预防区、重要生态功能（水源涵养、生物多样性保护、防风固沙）区，应以最大限度减少地面扰动和植被破坏，维护水土保持主导功能为准则，重点分析因工程建设造成植被不可逆性破坏和产生严重水土流失危害的区域，提出水土保持制约性要求及对主体工程布置的修改意见。<br>2 涉及国家和省级的自然保护区、风景名胜区、地质公园、文化遗产保护区、文物保护区的，应结合环境保护专业分析评价结论按前款规定进行评价，并以最大限度保护生态环境和原地貌为准则。<br>3 泥石流和滑坡易发区，应在必要的调查基础上，对泥石流和滑坡潜在危害进行分析评价，并将其作为弃渣场、料场选址评价的重要依据。 | |

续表

| 6 | 6.4.1 | 水库枢纽工程评价重点应符合下列规定：<br>4　生态脆弱区高山峡谷地带的枢纽施工道路布置，应对地表土壤与植被破坏及其恢复的可能性进行分析，可能产生较大危害和造成植被不可逆破坏的，应增加桥隧比例。 | | |
|---|---|---|---|---|
| 7 | 10.5.2 | 弃渣场抗滑稳定计算应分为正常运用工况和非常运用工况：<br>1　正常运用工况：弃渣场在正常和持久的条件下运用，弃渣场处在最终弃渣状态时，渣体无渗流或稳定渗流。<br>2　非常运用工况：弃渣场在正常工况下遭遇Ⅶ度以上（含Ⅶ度）地震。 | | |

附表 E.18　水利工程勘测设计项目执行强制性条文情况检查表（环境保护、水土保持和征地移民——征地移民）

| 设计阶段 | 初步设计 | | | | |
|---|---|---|---|---|---|
| 设计文件及编号 | | | | | |
| 检查专业 | □水文　□勘测　□规划　□水工　□机电与金属结构<br>□环境保护　□水土保持　☑征地移民　□劳动安全与卫生　□其他 | | | | |
| 强条汇编章节 | 6-3-1 | | | | |
| 标准名称 | 《水利水电工程建设征地移民安置规划设计规范》 | | | 标准编号 | SL 290—2009 |
| 序号 | 条款号 | 强制性条文内容 | 执行情况 | 符合/不符合/不涉及 | 设计人签字 |
| 1 | 2.2.2 | 水库设计洪水回水计算及回水末端处理应按以下规定执行。<br>　1　水库设计洪水位和入库流量，计算回水位。回水面线应以坝前起调水位和入库流量，计算回水位。回水面线应以坝址以上天然洪水与建库后设计采用的同一频率（汛期和非汛期）洪水回水位组成的外包线的沿程回水高程确定。<br>　2　水库回水尖灭点，应以回水面线不高于同频率天然洪水面线 0.3 m 范围内的断面内确定；水库淹没处理终点位置，一般可采取尖灭点水平延伸至天然河道多年平均流量的相应水面线相交处确定。<br>　3　水库设计洪水回水位的确定，应根据河流泥沙特性，水库运行方式，上游有无调节以及受淹对象的重要程度，考虑10~30年的泥沙淤积影响。 | | | |

续表

| 2 | 2.2.3 | 设计洪水标准应根据以下原则确定：<br><br>1 淹没对象的设计洪水标准，应根据淹没对象的重要性、水库调节性能及运用方式，在安全、经济和考虑其原有防洪标准的原则下，在表 2.2.3 所列设计洪水标准范围内分析选择。选取其他标准应进行专门分析论证，并阐明其经济合理性。<br><br>2 表 2.2.3 中未列的铁路、公路、电信、输变电、水利设施及文物古迹等淹没对象，其设计洪水标准按照《防洪标准》(GB 50201)和相关技术标准的规定确定。<br><br>表 2.2.3 不同淹没对象设计洪水标准表 |
|---|---|---|

表 2.2.3 不同淹没对象设计洪水标准表

| 淹没对象 | 洪水标准<br>[频率(%)] | 重现期/年 |
|---|---|---|
| 耕地、园地 | 50~20 | 2~5 |
| 林地、草地 | 正常蓄水位 | — |
| 农村居民点、集镇、一般城镇和一般工矿区 | 10~5 | 10~20 |
| 中等城市、中等工矿区 | 5~2 | 20~50 |
| 重要城市、重要工矿区 | 2~1 | 50~100 |

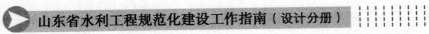

续表

| | | | |
|---|---|---|---|
| 3 | 2.5.8 | 移民居民点设计应符合以下要求：<br>3 移民居民点新址应布设在居民迁移线以上并避开浸没、滑坡、坍岸等不良地质地段。防洪高水位设置在正常蓄水位以上，移民居民点新址一般应设在防洪高水位以上。<br>6 集中安置的农村居民点应当进行水文地质与工程地质勘察，进行场地稳定性及建筑适宜性评价，并依法做好地质灾害危险性评估。 | |
| 4 | 2.6.3 | 迁建新址的选择应符合以下要求：<br>1 城（集）镇新址，应选择在地理位置适宜，地形相对平坦，地质稳定，水源安全可靠，交通方便，防洪安全，便于排水，能发挥服务功能的地点。选择新址，还应与当地城镇体系规划相协调，并为远期发展留有余地。<br>2 城（集）镇选址应进行水文地质和工程地质勘察，进行场地稳定性及建筑适宜性评价，并进行地质灾害危险性评估。 | |
| 5 | 2.9.1 | 在水库临时淹没、浅水淹没或影响区，如有重要对象，具备防护条件，且技术可行，经济合理，应采取防护措施。 | |

续表

| | | |
|---|---|---|
| 6 | 2.9.2 | 防护工程设计标准应按以下原则确定：<br>4 防浸没（渍）标准应根据水文地质条件、水库运用方式和防护对象的耐浸能力，综合分析确定不同防护对象容许的地下水位临界深度值。<br>5 排涝工程的内外设计水位应根据防护对象的除涝防渍要求，主要防护对象分布和高程和水库调度运用资料，综合分析、合理确定。 |
| 7 | 2.11.5 | 建（构）筑物拆除与清理应符合以下要求：<br>1 清理范围内的各种建筑物、构筑物应拆除，并推倒摊平，对易漂浮的废旧材料按有关要求进行处理。<br>2 清理范围内的各种基础设施、设备和旧料应运至库区以外。残留的较大障碍物要炸除，其残留高度不宜超过地面0.5 m。对确难清除的较大障碍物，应设置蓄水后可见的明显标志，并在水库区地形图上注明其位置与标高。<br>3 水库消落区的地下建（构）筑物，应结合水库区地质情况和水库水域利用要求，采取填塞、封堵、覆盖或其他措施进行处理。 |

续表

| 8 | 2.11.6 | 卫生清理应符合以下要求：<br><br>1　卫生清理工作应在建（构）筑物拆除之前进行。<br><br>2　卫生清理应在当地方卫生防疫部门的指导下进行。<br><br>3　库区内的污染源及污染物均应进行卫生清除、消毒。如厕所、粪坑（池）、畜厩、垃圾等均应进行卫生防疫消毒，对其坑穴以外的污物，尽量运至库区以外，或薄铺于地面曝晒消毒，对无法运至库区以外的污物，污水坑以净土填塞；对无法运至库区以外的污物，污水坑以净土填塞，污水量运至库区以外处理，则应在消毒后就地填埋，然后覆盖净土，净土厚度应在1 m以上且应夯实。<br><br>4　库区内的工业企业积存的废水，应按环境保护要求处理。<br>有毒固体废弃物按环境保护要求处理。<br><br>5　库区内具有严重放射性、生物性或传染性的污染源，应委托有资质的专业部门予以清理。<br><br>6　库区内经营、储存农药、化肥的仓库、油库等的污染源，应按环境保护要求处理。<br><br>7　对埋葬15年以内的坟墓，应迁出库区；对埋葬15年以上的坟墓，是否迁移，可按当地民政部门规定，并尊重当地习俗处理；对无主坟墓应压实处理。凡埋葬结核、麻风、破伤风等传染病死亡者的坟墓和炭疽病、布鲁氏菌病等牲畜死性病的掩埋场地，应按卫生防疫的要求，由专业人员或经过专门技术培训的人员进行处理。<br><br>8　有钉螺存在的库区周边，在水深不到1.5 m的范围内，在当地血防部门指导下，提出专门处理方案。<br><br>9　清理范围内有鼠害存在的区域，应按卫生防疫的要求，提出处理方案。 |
|---|---|---|

续表

| 序号 | 条款号 | | | | |
|---|---|---|---|---|---|
| 9 | 2.11.7 | 林木砍伐与迹地清理应符合以下要求：<br>1 林地及零星树木应砍伐并清理，残留树木桩不得高出地面 0.3 m。<br>2 林地砍伐残余的枝桠、枯木、灌木林（丛）等易漂浮的物质，在水库蓄水前，应就地处理或采取防漂措施。<br>3 农作物秸秆及泥炭等其他各种易漂浮物，在水库蓄水前，应就地处理或采取防漂措施。 | | | |

强条汇编章节　6-3-2

| 标准名称 | 《水利水电工程水库库底清理设计规范》 | | | 标准编号 | SL 644—2014 |
|---|---|---|---|---|---|
| 序号 | 条款号 | 强制性条文内容 | 执行情况 | 符合/不符合/不涉及 | 设计人签字 |
| 1 | 6.3.3 | 对确难清除且危及水库安全运行的较大障碍物，应设置明显标志，并在地形图上注明其位置与标高。 | | | |
| 2 | 9.4.2 | 有炭疽尸体埋葬的地方，清理后表土不应检出具有毒力的炭疽芽孢杆菌。 | | | |
| 3 | 9.4.3 | 灭鼠后鼠密度不应超过 1%。 | | | |
| 4 | 9.4.4 | 传染性污染源应按 100%检测，其他污染源按 3%～5%检测。 | | | |
| 5 | 10.2.3 | 市政污水处理设施（包括沼气池、废弃的污水管道、沟渠等）中积存的污泥应予以清理。 | | | |

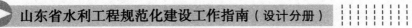

续表

| | | 下列危险废物应予以清理： |
| 6 | 10.2.5 | 1 医疗卫生机构、医药商店、化验（实验）室等产生的列入《医疗废物分类目录（2021年版）》《国卫医函〔2021〕238号》的各种医疗废物。<br>2 电镀污泥、废酸、废碱、废矿物油等以及列入《国家危险废物名录（2021年版）》（生态环境部、国家发展和改革委员会、公安部、交通运输部、国家卫生健康委员会令第15号）的各种废物及其包装物。<br>3 根据GB 5085检测被确认具有危险特性的废物及其包装物。<br>4 化工、化肥、农药、染料、油漆、石油以及电镀、金属表面处理等废弃的生产设备、工具、原材料和产品包装物以及废弃的原材料和药剂。<br>5 农药销售商店、摊点和储存点积存、散落和遗落的废弃农药及其包装物。 |
| 7 | 10.2.6 | 废放射源及含放射性同位素的固体废物应予以清理。 |

续表

危险废物以及磷石膏等工业固体废物清理后的原址中的土壤，如果其浸出液中一种或一种以上的有害成分浓度大于或等于表10.2.4中所列指标，应予以清理。

**表10.2.4 水库库底工业固体废物与污染土壤处理鉴别标准**

| 序号 | 项目 | 浸出液浓度 /(mg/L) | 序号 | 项目 | 浸出液浓度 /(mg/L) |
|---|---|---|---|---|---|
| 1 | 化学需氧量(COD) | 60 | 10 | 烷基汞 | 不应检出 |
| 2 | 氨氮 | 15 | 11 | 总镉 | 0.1 |
| 3 | 总磷(以P计) | 0.5 | 12 | 总铬 | 1.5 |
| 4 | 石油类 | 10 | 13 | 六价铬 | 0.5 |
| 5 | 挥发酚 | 0.5 | 14 | 总砷 | 0.5 |
| 6 | 总氰化合物 | 0.5 | 15 | 总铅 | 1.0 |
| 7 | 氟化物 | 10 | 16 | 总镍 | 1.0 |
| 8 | 有机磷农药(以P计) | 不应检出 | 17 | 总锰 | 2.0 |
| 9 | 总汞 | 0.05 | | | |

10.2.7

8

附表 E.19　水利工程勘测设计项目执行强制性条文情况检查表（劳动安全）

| 设计阶段 | 初步设计、施工图设计 | | |
|---|---|---|---|
| 设计文件及编号 | | | |
| 检查专业 | □水文　□勘测　□规划　□水工　□机电与金属结构<br>□环境保护　□水土保持　□征地移民　☑劳动安全与卫生　□其他 | | |
| 强条汇编章节 | 《灌溉与排水工程设计标准》 | 10-0-1 | 标准编号 | GB 50288—2018 |
| 序号 | 条款号 | 强制性条文内容 | 执行情况 | 符合/不符合/不涉及 | 设计人签字 |
| 1 | 20.4.2 | 1 级～4 级渠（沟）道和渠道设计水深大于 1.5 m 的 5 级渠道跌水、倒虹吸、渡槽、隧洞等主要建筑物进、出口及穿越人口聚居区应设置安全警示牌、防护栏杆等防护设施。 | | | |
| 2 | 20.4.3 | 设置踏步或人行道的渡槽、水闸等建筑物应设防护栏杆，建筑物进人孔、检修井、闸孔等位置应设安全井盖。 | | | |
| 强条汇编章节 | 《水利水电工程劳动安全与工业卫生设计规范》 | 10-0-2 | 标准编号 | GB 50706—2011 |
| 序号 | 条款号 | 强制性条文内容 | 执行情况 | 符合/不符合/不涉及 | 设计人签字 |
| 1 | 4.2.2 | 采用开敞式高压配电装置的独立开关站，其场地四周应设置高度不低于 2.2 m 的围墙。 | | | |
| 2 | 4.5.7 | 机械排水系统的排水管管口高程低于下游校核进水位时，必须在排水管道上装设逆止阀。 | | | |

续表

| 序号 | 条款号 | 强制性条文内容 | 执行情况<br>符合/不符合/不涉及 |
|---|---|---|---|
| 3 | 4.2.6 | 地网分期建成的工程，应校核分期投产接地装置的接触电位差和跨步电位差，其数值应满足人身安全的要求。 | |
| 4 | 4.2.9 | 在中性点直接接地的低压电力网中，零线应在电源处接地。 | |
| 5 | 4.2.11 | 安全电压供电电路中的电源变压器，严禁采用自耦变压器。 | |
| 6 | 4.2.13 | 独立避雷针、装有避雷针或避雷线的构架，以及装有避雷针的带金属照明灯塔上的照明电源线，均应采用直接埋入地下的带金属外皮的电缆或穿入埋地金属管的绝缘导线，且埋入地中长度应不小于 10 m。装有避雷针（线）的构架（线）上，严禁架设通信线、广播线和低压线。 | |
| 7 | 4.2.16 | 易发生爆炸，火灾造成人身伤亡的场所应装设应急照明。 | |
| 8 | 4.5.8 | 防洪防淹设施应设置不少于 2 个的独立电源供电，且任意一电源均应能满足工作负荷的要求。 | |

强条汇编章节 10-0-3

| 标准名称 | 《小型水电站施工安全标准》 | 标准编号 | GB 51304—2018 |
|---|---|---|---|
| 序号 | 条款号 | 强制性条文内容 | 执行情况<br>符合/不符合/不涉及 | 设计人签字 |
| 1 | 2.1.9 | 危险作业场所，易燃易爆有毒危险品存放场所、库房、变配电场所以及禁止烟火场所等相应设置的禁止、指示、警示标志。 | | |

续表

| | | |
|---|---|---|
| 2 | 2.5.1 | 爆破、高边坡、隧洞、水上（下）、高处、多层交叉施工、大件运输、大型施工设备安装拆除等危险作业应有专项安全技术措施，并应设专人进行安全监护。 |
| 3 | 2.5.2 | 高处作业的安全防护应符合下列规定：<br>1 高处作业前，应检查排架、脚手板、通道、马道、梯子等设施符合安全要求方可作业。高处作业使用的脚手架平台应铺设固定脚手板，临空边缘应设高度不低于1.2 m的防护栏杆。<br>4 高处临边、临空作业应设置安全网，安全网距工作面的最大高度不应超过3.0 m，水平投影宽度不应小于2.0 m。安全网应挂设牢固，随工作面升高而升高。<br>8 高处作业时，应对下方易燃、易爆物品进行清理和采取相应措施，方可进行电焊、气焊等动火作业，并应配备消防器材和专人监护。 |
| 4 | 2.5.3 | 施工现场的井、洞、坑、沟、口等危险处应设置明显的警示标志，并应采取加盖板或设置围栏等防护措施。 |
| 5 | 3.3.4 | 当砂石料料堆起拱堵塞时，严禁人员直接站在料堆上进行处理。应根据料物粒径、堆料体积、堵塞原因采取相应措施进行处理。 |

续表

| 序号 | 条号 | 内容 | | |
|---|---|---|---|---|
| 6 | 3.3.9 | 设备检修时应切断电源,在电源启动柜或设备配电室悬挂"有人检修,禁止合闸"的警示标志。 | | |
| 7 | 3.3.10 | 在破碎机腔内检查时,应有人在机外监护,并且保证设备的安全锁定位置。 | | |
| 8 | 3.4.2 | 混凝土拌和应符合下列规定:<br>4 搅拌机运行中,不应使用工具伸入滚筒内掏挖。需要人工清理时,应先停机。需要进入搅拌筒内工作时,筒外要有人监护。 | | |
| 9 | 3.6.1 | 闸门安装应符合下列规定:<br>8 底水封(或防撞装置)安装时,门体应处于全关(或全开)状态,启闭机应挂停机牌,并应派专人值守,严禁启动。 | | |
| 10 | 3.6.13 | 检查机组内部不应少于3人,并应配带手电筒,进入钢管、蜗壳和发电机风洞内部时,必须留1人在进入口处守候。 | | |
| 11 | 3.7.5 | 进行电气试验时,应符合下列规定:<br>3 耐电压试验时,应有专人指挥,升压操作应有监护人监护。操作人员应穿绝缘鞋。现场应设临时围栏,挂警示标志,并应派专人警戒。 | | |
| 12 | 3.7.7 | 导叶进行动作试验时,应事先通告相关人员,确保通讯通畅可靠,在进入水轮机室,蜗壳处悬挂警示标志,并有专人监护,严禁靠近导叶。 | | |

续表

| 强条汇编章节 | | | | 10-0-4 | |
|---|---|---|---|---|---|
| 标准名称 | | 《农田排水工程技术规范》 | | 标准编号 | SL/T 4—2020 |
| 序号 | 条款号 | 强制性条文内容 | | 执行情况 | 符合/不符合/不涉及 |
| 1 | | 标准已更新，更新后的标准无强制性条文。 | | | 设计人签字 |
| 强条汇编章节 | | | | 10-0-5 | |
| 标准名称 | | 《水工建筑物滑动模板施工技术规范》 | | 标准编号 | SL 32—2014 |
| 序号 | 条款号 | 强制性条文内容 | | 执行情况 | 符合/不符合/不涉及 |
| 1 | 9.3.2 | 操作平台及悬挂挂脚手架上的铺板应严密、平整、固定可靠并防滑；操作平台上的孔洞应设盖板或防护栏杆，操作平台上孔洞盖板的打开与关闭应是可控和可靠的。 | | | |
| 2 | 9.3.3 | 操作平台及悬挂挂脚手架边缘应设防护栏杆，其高度应不小于120 cm，横挡间距应不大于35 cm，底部应设高度不小于30 cm的挡板且应封闭密实。在防护栏杆外侧应挂安全网封闭。 | | | |
| 3 | 9.4.5 | 人货两用的施工升降机在使用时，应采取防止操作人员坠落的措施，对空心筒类构筑物，应在顶端设置安全走行平台。 | | | |
| 4 | 9.10.5 | 拆除滑模时，应采取防止操作人员坠落的措施，对空心筒类构筑物，应在顶端设置安全走行平台。 | | | 设计人签字 |

续表

10-0-6

| 强条汇编章节 | | 标准名称 | 《水利水电工程坑探规程》 | | 标准编号 | SL 166—2010 |
|---|---|---|---|---|---|---|
| 序号 | 条款号 | 强制性条文内容 | 执行情况 | 符合/不符合/不涉及 | | 设计人签字 |
| 1 | 6.4.3 | 爆破材料使用应符合下列规定：<br>1 导火线表外有折伤、扭裂，粗细不均，燃烧速度超过标准速度 5 s/m，耐水时间低于 2 h 及受潮、变质，不应使用。<br>2 电雷管脚线断损、绝缘、接触不良、康铜丝电桥大于 0.3 Ω，镍铬丝电桥大于 0.8 Ω 及受潮、变质，不应使用。<br>3 炸药受潮变质、低温冻结变硬、高温分解渗油，不应使用。<br>4 1 号、2 号硝铵炸药适用于一般岩石，严禁在有瓦斯、煤尘及有可燃和爆炸性气体的探硐中使用。 | | | | |
| 2 | 6.4.4 | 爆破材料加工应遵守下列规定：<br>1 爆破材料加工应在专设的加工房进行。加工房应干燥通风，严禁烟火，配备消防器具。加工房与居民点及重要建筑物的距离不应小于 500 m。<br>2 作业人员应穿棉质工作服。防水处理用的蜡锅应放置室外，其距离不小于 10 m。<br>3 导火线、雷管加工应遵守下列规定：<br>1)导火线长度应根据炮眼数量、深度，点炮、躲炮行走时间总和确定，最短不少于 1.2 m。 | | | | |

续表

| | | |
|---|---|---|
| | | |
| | 2)雷管中如有杂物，应用手指轻轻弹出，不应用口吹。导火线切口应整齐垂直插入管中与加强帽接触，用雷管钳紧，不应用克丝钳或其他方式卡紧。纸雷管用缠纸或缠线等紧固。<br>4 起爆药卷加工应遵守下列规定：<br>1)加工量不应超过当天需用量，加工后要妥善保管。<br>2)加工时用直径约7 mm竹签或木签插入药卷70 mm后将雷管插入，严禁使用金属棍操作。<br>3)雷管插入药卷后，火雷管应用扎线将药包扎紧，电雷管应用脚线扎紧。<br>4)在有水炮眼中使用硝铵炸药时，起爆药包或药卷应进行防水处理。水深在2 m以内可用石蜡或沥青进行防水处理，其水深大于2 m时，化蜡温度不大于80℃，浸蜡时间不大于2 s；水深大于2 m时，可用乳胶套进行隔水处理。 | |
| 3 | 6.4.5 | 装炮及炮眼堵塞应遵守下列规定：<br>1 装药前用吹砂管将炮眼中岩粉吹净，清除堵塞的岩块及岩屑，并用炮棍探明炮眼深度，角度是否符合要求。<br>2 装药长度宜为炮眼深度的1/2～2/3，掏槽眼可多装10%～20%，紧密堵塞。<br>3 炮棍应用直径小于药卷直径6 mm的竹、木质材料制成，端部应平齐，严禁使用金属棍。 | |

续表

| | 4 | 6.4.6 |
|---|---|---|

4 起爆药卷宜装在由外向里的第二节药卷位置，也可采用双向起爆及反向起爆等方法。

5 炮眼堵塞物宜用黏土（塑性指数以13为佳），为增加摩擦阻力，黏土中可渗入5%～10%粒径约1 mm的砂，不应用碎石堵塞。炮眼堵塞长度宜为炮眼深度的1/3～1/2，但不少于200 mm。

起爆作业应遵守下列规定：

1 火雷管起爆应遵守下列规定：

1）安全导火线长度应根据点炮需用时间而定，宜为最短导火线的1/3。安全导火线燃尽或中途熄灭时，应立即离开工作面，不应继续点炮。

2）应使用电石灯或导火线，按爆发顺序点炮。每炮同时间应为2 s左右。

3）点炮后应仔细听记响炮数目是否与装炮数目相符。最后一炮响后应至少隔15 min，待炮烟吹散后再进入工作面检查爆破效果。

2 电雷管起爆应遵守下列规定：

1）雷雨天气严禁使用电雷管起爆。

2）有涌水或有瓦斯的工作面应使用电雷管或导爆管起爆，严禁使用火雷管。

续表

| | | |
|---|---|---|
| | | |
| | | 3）应根据爆发顺序采用延期雷管。杂散电流超过 30 mA 时，严禁使用普通电雷管。<br><br>4）起爆线路应保持良好绝缘，断面应保持并联电流要求，电压应满足雷管串联要求，母线断面不应小于 2.5 mm²。<br><br>5）爆破线路应与照明动力线路分开架设，中途不应交叉，各工作面应有单独的电力起爆网。爆破线路及起爆网应由爆破员亲自架设，每次放炮前应采用电桥进行安全检查。<br><br>6）探硐较深时应采用分段连接，分段加设短路开关。<br><br>7）采用电力线路起爆，若发生拒爆应首先切断电源，合上短路闸刀，待即发雷管过 2 min 或延期雷管过 5 min 后，方可进入工作面进行检查。 |
| 5 | 6.4.7 | 瞎炮处理应遵守下列规定：<br><br>1 用掏勺轻轻掏出炮泥，到达预定标志应立即停止，装入起爆药引爆。严禁采用强行拉导火线或雷管脚线的办法处理。<br><br>2 采用上述方法处理无效时，可在瞎炮旁约 400 mm 处平行凿眼，装药起爆处理。<br><br>3 当班瞎炮应由当班炮工亲自处理。瞎炮未经处理，不应进行正常作业。<br><br>4 严禁使用压缩空气吹出炮眼中的炮泥和炸药雷管。 |

续表

| 6 | 6.4.9 | 露天爆破尚应符合下列规定：<br>1 相邻地区同时放炮，应统一指挥，统一信号，统一时间。<br>3 应控制爆破安全距离。炮眼直径应为 42 mm 以内，平地水平距离应为 200 m，山地水平距离应为 300 m。 | | |
| 7 | 6.6.1 | 支护应符合下列规定：<br>2 支护前应检查硐壁、硐顶岩体稳定性，松动岩石应挖除。<br>5 支护一次架好。靠近工作面的支护应采取加固和保护措施，及时修复放炮打坏的支护。<br>6 使用中的探硐，应经常检查支护的牢固性、安全性，及时加固、更换变形及腐朽折断的支护。<br>7 恢复或加固、加深旧硐时，应首先检查支护，必要时进行更换。<br>8 破碎松散岩（土）体应及时进行支护。必要时可采用超前临时支护。 | | |
| 8 | 6.7.1 | 通风应符合下列规定：<br>2 开挖工作面的氧气体积应不低于 18%。<br>4 有瓦斯($CH_4$)和其他有害气体探硐工作面，人均供新鲜空气量不应低于 5 m³/min，通风风速不应低于 0.25 m/s。<br>5 硐深超过 300 m 时，应进行专门通风设计。按同时在硐内工作的总人数计，每人每分钟供风量不应少于 4 m³/min，工作面回风风流中，氧气、瓦斯、二氧化碳和其他有害气体含量应符合本条第 2 款及 6.8.2 条的规定。 | | |

续表

| 9 | 6.8.2 | 有害气体、粉尘、噪声监测及施工保健应符合下列规定：<br><br>1　有害气体、粉尘、噪声卫生安全标准应符合下列规定：<br><br>1）工作面有害气体限量（按体积计）应符合表 6.8.2 的规定。<br><br>表 6.8.2　地下硐室有害气体最大允许浓度<br><br>| 名称 | 符号 | 最大允许（体积）浓度 /% |<br>| --- | --- | --- |<br>| 一氧化碳 | CO | 0.00240 |<br>| 二氧化碳 | $CO_2$ | 0.50 |<br>| 氮氧化物 | [NO] | 0.00025 |<br>| 二氧化硫 | $SO_2$ | 0.00050 |<br>| 瓦斯 | $CH_4$ | 1.0 |<br>| 硫化氢 | $H_2S$ | 0.00066 |<br>| 氨 | $NH_3$ | 0.00400 |<br><br>2）工作面空气粉尘含量不应大于 2 $mg/m^3$。<br><br>2　有害气体及粉尘监测应符合下列规定：<br><br>3）在有瓦斯或其他有害气体的探硐施工，应对瓦斯或其他有害气体突出的断层层带、老隆、破碎带等部位每班至少监测两次。当有害气体超限时，应立即撤离工作人员或采取防护措施。 |

续表

| | | |
|---|---|---|
| 10 | 6.8.3 | 5）长期停止施工的探硐恢复生产时，首先应检查氧气、二氧化碳、瓦斯和其他有害气体浓度。如不符合规定，应通风排放有害气体，达到标准后方可进硐施工。<br>4　施工保健应符合下列规定：<br>2）硐内噪声大于 90 dB（A）时，应采取消音或其他防护措施。<br>3）凿岩作业，应配带防护面罩及防护耳塞。<br>放射性监测及施工保健应符合下列规定：<br>1　在火成岩地区、新构造活动部位等施工作业，应进行 γ 射线和放射性气体测试，判定是否存在放射性危害。<br>2　井、硐内施工人员的个人内外照射剂量大于年限值 1 mSv/a时，应根据国家有关标准的规定，进行氡及其气体及 γ 辐射环境监测及辐射的个人剂量监测，必要时采取防护措施。 |
| 11 | 6.8.4 | 救护装备应符合下列规定：<br>1　在有瓦斯地区掘进探硐时，应按工作人员总数的 110％配备自救器或送风面盔。低瓦斯地区宜用过滤式自救器，高瓦斯地区宜配用化学氧自救器。<br>2　施工单位应配备氧气呼吸器。<br>3　自救设备应定期进行气密检查。 |

续表

| | | | | |
|---|---|---|---|---|
| 12 | 6.10.3 | 河底平硐施工尚应符合下列规定：<br>3　应打超前眼，深度不小于 3 m。<br>6　导井与河底平硐连接处应设置安全硐或躲避室。<br>7　应对围岩变形和地下水进行监测。<br>8　应配置备用电源，或采取其他措施，在突发涌水或停电时能将井、硐内工作人员和设备提升到安全地点。 | | |
| 13 | 7.2.11 | 提升作业应符合下列规定：<br>1　提升钢绳安全系数应大于 8，并应随时检查钢绳有无断股及损坏。<br>2　检查提升系统（钢绳、吊钩、吊环等）牢固程度、连接部件的安全系数应大于 8。<br>3　提升速度应小于 1 m/s，升降人员时应减速 50％。 | | |
| 14 | 7.2.12 | 排水应符合下列规定：<br>1　涌水量大时可设活动水泵吊盘，吊盘内可装一台或多台水泵。吊盘与出渣桶不应互相干扰。<br>2　水泵排水能力应大于预测涌水量的一倍，备用水泵比例应为 1:1，并设有备用电源。 | | |

续表

| 序号 | 条款号 | 条文内容 | 执行情况 | 符合/不符合/不涉及 |
|---|---|---|---|---|
| 15 | 7.3.8 | 提升应符合下列规定：<br>2 每隔5～10 m宜设安全硐，提升机运行时，作业人员应进人安全硐内躲避。<br>3 斜井中应设挡车器，矿车应带有安全装置。<br>5 井口应设挡车栏杆，矿车上来应先将挡车栏杆才准摘钩。空车下放应先将矿车挂钩挂好后打开挡车栏杆，送下矿车。处理掉道矿车，矿车下方严禁站人。 | | |
| 16 | 8.0.5 | 坑探工程施工应遵守下列规定：<br>3 工地机房、库房、宿舍等设施，不应修建在洪水位以下，危岩下以及山洪暴发所危及的冲积扇上。<br>4 爆破作业应确定安全警戒范围，设立明显的安全标志，必要时要有专人把守。 | | |

10-0-7

强条汇编章节

| 标准名称 | 《核子水分-密度仪现场测试规程》 | | 标准编号 | SL 275—2014 |
|---|---|---|---|---|
| 序号 | 条款号 | 强制性条文内容 | 执行情况 | 符合/不符合/不涉及 | 设计人签字 |
| 1 | 第1部分 7.1.2 | 现场测试技术要求：<br>f)现场测试中的仪器使用、维护保养和保管中有关辐射防护安全要求应按附录B的规定执行。 | | | |

续表

| 序号 | 标准名称 | 条款号 | 强制性条文内容 | 执行情况 | 标准编号 |
|------|----------|--------|----------------|----------|----------|
| | 强条汇编章节 | | | 符合／不符合／不涉及 | SL/T 291—2020 |
| | | | | | 设计人签字 |
| 2 | | 附录 B<br>（规范性<br>附录）辐<br>射安全 | B.1 凡使用核子水分-密度仪的单位均应取得"许可证"，操作人员应经培训并取得上岗证书。<br><br>B.2 由专业人员负责仪器的使用、维护保养和保管，但不得拆装仪器内放射源。<br><br>B.3 仪器工作时，应在仪器放置地点 3 m 范围内设置明显放射性标志和警戒线，无关人员应退至警戒线外。<br><br>B.4 仪器非工作期间，应将仪器手柄置于安全位置。核子水分-密度仪应装箱上锁，放在符合辐射安全规定的专门地方，并由专人保管。<br><br>B.5 仪器操作人员在使用仪器时，应佩戴射线剂量计，监测和记录操作人员所受射线剂量，并建立个人辐射剂量记录档案。<br><br>B.6 每隔 6 个月按相关规定对仪器进行放射源泄露检查，检查结果不符合要求的仪器不得再投入使用。 | | |
| 3 | 《水利水电工程钻探规程》 | 第 2 部分<br>7.1.2 | 现场测试技术要求：<br>f)现场测试中的仪器使用、维护保养应执行本标准第 1 部分附录 B 的规定。 | | 10-0-8 |

续表

| 1 | 标准已更新，更新后的标准无强制性条文。 | | |
|---|---|---|---|
| 强条汇编章节 | | | |
| 标准名称 | 《村镇供水工程技术规范》 | | SL 310—2019 |
| 序号 | 强制性条文内容 | 执行情况 | 标准编号 |
| 1 | 8.0.9 | 水塔应根据防雷要求设置防雷装置。 | 符合/不符合/不涉及 设计人签字 |
| 强条汇编章节 | | 10-0-10 | |
| 标准名称 | 《水利血防技术规范》 | | SL/T 318—2020 |
| 序号 | 强制性条文内容 | 执行情况 | 标准编号 |
| 1 | 标准已更新，更新后的标准无强制性条文。 | | 符合/不符合/不涉及 设计人签字 |
| 强条汇编章节 | | 10-0-11 | |
| 标准名称 | 《水工建筑物地下开挖工程施工规范》 | | SL 378—2007 |
| 序号 | 强制性条文内容 | 执行情况 | 标准编号 |
| 1 | 勘察设计单位不涉及。 | | 符合/不符合/不涉及 设计人签字 |
| 强条汇编章节 | | 10-0-12 | |
| 标准名称 | 《水利水电工程施工通用安全技术规程》 | | SL 398—2007 |
| 序号 | 强制性条文内容 | 执行情况 | 标准编号 |
| 1 | 勘察设计单位不涉及。 | | 符合/不符合/不涉及 设计人签字 |
| 强条汇编章节 | | 10-0-13 | |
| 标准名称 | 《水利水电工程土建施工安全技术规程》 | | SL 399—2007 |

续表

| 序号 | 条款号 | 强制性条文内容 | 执行情况 | 设计人签字 |
|---|---|---|---|---|
| 1 | | 勘察设计单位不涉及。 | | |

10-0-14

| 强条汇编章节 | 标准名称 | | 标准编号 |
|---|---|---|---|
| | 《水利水电工程机电设备安装安全技术规程》 | | SL 400—2016 |

| 序号 | 条款号 | 强制性条文内容 | 执行情况 | 设计人签字 |
|---|---|---|---|---|
| 1 | | 勘察设计单位不涉及。 | 符合/不符合/不涉及 | 设计人签字 |

10-0-15

| 强条汇编章节 | 标准名称 | | 标准编号 |
|---|---|---|---|
| | 《水利水电工程施工作业人员安全操作规程》 | | SL 401—2007 |

| 序号 | 条款号 | 强制性条文内容 | 执行情况 | 设计人签字 |
|---|---|---|---|---|
| 1 | | 勘察设计单位不涉及。 | 符合/不符合/不涉及 | 设计人签字 |

10-0-16

| 强条汇编章节 | 标准名称 | | 标准编号 |
|---|---|---|---|
| | 《水利水电工程鱼道设计导则》 | | SL 609—2013 |

| 序号 | 条款号 | 强制性条文内容 | 执行情况 | 设计人签字 |
|---|---|---|---|---|
| 1 | 7.1.3 | 电栅周围一定区域内应设明显警示标志，电极阵上应装红色指示灯。严禁在电栅周围捕鱼、周观、游泳、驶船等。 | 符合/不符合/不涉及 | 设计人签字 |

10-0-17

| 强条汇编章节 | 标准名称 | | 标准编号 |
|---|---|---|---|
| | 《水利水电地下工程施工组织设计规范》 | | SL 642—2013 |

| 序号 | 条款号 | 强制性条文内容 | 执行情况 | 设计人签字 |
|---|---|---|---|---|
| | | | 符合/不符合/不涉及 | 设计人签字 |

| 序号 | 条款号 | | | 标准编号 | SL 655—2014 |
|---|---|---|---|---|---|
| 1 | 7.2.3 | 下列地区不应设置施工临时设施：<br>1 严重不良地质或滑坡体危害区。<br>2 泥石流、山洪、沙暴或雪崩可能危害区。<br>5 受爆破或其他因素影响严重的区域。 | | | 10-0-18 |
| 强条汇编章节 | 标准名称 | 《水利水电工程调压室设计规范》 | | 标准编号 | SL 655—2014 |
| 序号 | 条款号 | 强制性条文内容 | 执行情况 | 符合/不符合/不涉及 | 设计人签字 |
| 1 | 8.3.6 | 调压室安全防护应符合下列规定：<br>1 埋藏式调压室的井口周边，应设置安全防护设施。<br>2 半埋藏式和地面式调压室应设置井口安全防护设施。<br>3 调压室内的钢爬梯，应设置护笼。 | | | 10-0-19 |
| 强条汇编章节 | 标准名称 | 《预应力钢筒混凝土管道技术规范》 | | 标准编号 | SL 702—2015 |
| 序号 | 条款号 | 强制性条文内容 | 执行情况 | 符合/不符合/不涉及 | 设计人签字 |
| 1 | 11.1.3 | 管道水压试验应有安全防护措施，作业人员应按相关安全作业规程进行操作。 | | | |
| 2 | 11.3.9 | 水压试验应符合下列规定：<br>3 管道水压试验过程中，后背顶撑、管道两端严禁站人。 | | | |

续表

| 强条汇编章节 | 10-0-20 | | |
|---|---|---|---|
| 标准名称 | 《水利水电工程施工安全防护设施技术规范》 | | 标准编号 | SL 714—2015 |
| 条款号 | 强制性条文内容 | 执行情况 | 符合/不符合/不涉及 | 设计人签字 |
| 1 | 勘察设计单位不涉及。 | | | |

## 附表 E.20 水利工程勘测设计项目执行强制性条文情况检查表（卫生）

| 设计阶段 | | 初步设计、施工图设计 | | |
|---|---|---|---|---|
| 设计文件及编号 | | | | |
| 检查专业 | | □水文　□勘测　□规划　□水工　□机电与金属结构<br>□环境保护　□水土保持　□征地移民　☑劳动安全与卫生　□其他 | | |
| 强条汇编章节 | | 11-0-1 | | |
| 标准名称 | | 《水利水电工程劳动安全与工业卫生设计规范》 | 标准编号 | GB 50706—2011 |
| 序号 | 条款号 | 强制性条文内容 | 执行情况 | 符合/不符合/不涉及 |
| 1 | 5.6.1 | 六氟化硫气体绝缘电气设备的配电装置室及检修室，必须装设机械排风装置，其室内空气中六氟化硫气体含量不应超过6.0 g/m³，室内空气不应再循环，且不得排至其他房间内。室内地面孔、洞应采取封堵措施。 | | |
| 2 | 5.6.7 | 水厂的液氯瓶、联氨贮存罐应分别存放在无阳光直接照射的单独房间内。加氯（氨）间和氯（氨）库应设置泄漏检测仪及报警装置，并应在临近的单独房间内设置漏氯（氨）气自动吸收装置。 | | |
| 3 | 5.6.8 | 水厂加氯（氨）间和氯（氨）库，应设置根据氯（氨）气泄漏量自动开启的通风系统。照明和通风设备的开关应设置在室外。加氯（氨）间和氯（氨）库外部应备有防毒面具、抢救设施和工具箱。 | | |

| | |
|---|---|
| | 设计人签字 |

续表

| 4 | 5.7.1 | 工程使用的砂、石、砖、水泥、商品混凝土、预制构件和新型墙体材料等无机非金属建筑主体材料，其放射性指标限值应符合表5.7.1的规定。<br><br>表 5.7.1　无机非金属建筑主体材料放射性指标限值<br><br>| 测定项目 | 限值 |<br>| --- | --- |<br>| 内照射指数（$I_{Ra}$） | ≤1.0 |<br>| 外照射指数（$I_r$） | ≤1.0 | |
| --- | --- | --- |
| 5 | 5.7.2 | 工程使用的石材、建筑卫生陶瓷、石膏板、吊顶材料、无机瓷质砖粘接剂等无机非金属装修材料，其放射性指标限值应符合表5.7.2的规定。<br><br>表 5.7.2　无机非金属装修材料放射性指标限值<br><br>| 测定项目 | 限值 |<br>| --- | --- |<br>| 内照射指数（$I_{Ra}$） | ≤1.0 |<br>| 外照射指数（$I_r$） | ≤1.3 | |
| 6 | 5.7.3 | 工程室内使用的胶合板、细木工板、刨花板、纤维板等人造木板及饰面人造木板，必须测定游离甲醛的含量或游离甲醛的释放量。 |
| 7 | 5.9.2 | 血吸虫病疫区的水利水电工程，应设置血防警示标志。 |

续表

| 强条汇编章节 | | 11-0-2 | | | | |
|---|---|---|---|---|---|---|
| 标准名称 | | 《水利水电工程施工组织设计规范》 | | | 标准编号 | SL 303—2017 |
| 序号 | 条款号 | 强制性条文内容 | 执行情况 | | 符合/不符合/不涉及 | 设计人签字 |
| 1 | 4.6.12 | 防尘、防有害气体等综合处理措施应符合下列规定：<br>4 对含有瓦斯等有害气体的地下工程，应编制专门的防治措施。 | | | | |

| 强条汇编章节 | | 11-0-3 | | | | |
|---|---|---|---|---|---|---|
| 标准名称 | | 《水利血防技术规范》 | | | 标准编号 | SL/T 318—2020 |
| 序号 | 条款号 | 强制性条文内容 | 执行情况 | | 符合/不符合/不涉及 | 设计人签字 |
| 1 | | 标准已更新，更新后的标准无强制性条文。 | | | | |

| 强条汇编章节 | | 11-0-4 | | | | |
|---|---|---|---|---|---|---|
| 标准名称 | | 《水利水电工程施工通用安全技术规程》 | | | 标准编号 | SL 398—2007 |
| 序号 | 条款号 | 强制性条文内容 | 执行情况 | | 符合/不符合/不涉及 | 设计人签字 |
| 1 | | 勘察设计单位不涉及。 | | | | |

| 强条汇编章节 | | 11-0-5 | | | | |
|---|---|---|---|---|---|---|
| 标准名称 | | 《水利水电地下工程施工组织设计规范》 | | | 标准编号 | SL 642—2013 |
| 序号 | 条款号 | 强制性条文内容 | 执行情况 | | 符合/不符合/不涉及 | 设计人签字 |

| | | |
|---|---|---|
| 1 | 9.1.1 | 施工过程中，洞内氧气浓度不应小于 20%，有害气体和粉尘含量应符合下列要求：<br>1 甲烷、一氧化碳、硫化氢含量应满足表 9.1.1-1 的要求。 |

表 9.1.1-1 空气中有害气体的最高允许浓度

| 名称 | 最高允许含量 $\dfrac{\%}{mg/m^3}$（按体积计算） | 附注 |
|---|---|---|
| 甲烷（CH$_4$） | ≤1.0 | — |
| 一氧化碳（CO） | ≤0.0024 | 30 |
| 硫化氢（H$_2$S） | ≤0.00066 | 10 |

一氧化碳的最高允许含量与作业时间

| 作业时间 | 最高允许含量 /（mg/m³） |
|---|---|
| <1 h | 50 |
| <0.5 h | 100 |
| 15～20 min | 200 |

反复作业的间隔时间应在 2 h 以上

# 附录 F  水利水电工程项目建议书章节目录

按照《水利水电工程项目建议书编制规程》(SL/T 617—2021),本指南摘录了项目建议书的章节目录格式,使用过程中,可根据实际情况取舍。

1  综合说明

2  项目建设的必要性和任务

2.1  项目建设依据

2.2  项目建设必要性

2.3  工程任务

2.4  项目建设外部条件

2.5  图表及附件

3  水文

3.1  流域概况

3.2  气象

3.3  水文基本资料

3.4  径流

3.5  洪水

3.6  排水(涝)模数及流量

3.7  泥沙

3.8  水位流量关系曲线

3.9  江河水位与潮水位

3.10  水面蒸发和冰情

3.11  水文自动测报系统

3.12  图表及附件

4  工程地质

4.1  勘察概况

4.2  区域构造稳定性与地震动参数

4.3  水库区工程地质

4.4  场址工程地质

4.5  输水线路工程地质

# 附录 G　水利水电工程可行性研究报告章节目录

按照《水利水电工程可行性研究报告编制规程》(SL/T 618—2021),本指南摘录了可行性研究报告的章节目录格式,使用过程中,可根据实际情况取舍。

1　综合说明

2　水文

2.1　流域概况

2.2　气象

2.3　水文基本资料

2.4　径流

2.5　洪水

2.6　排水(涝)模数及流量

2.7　泥沙

2.8　水位流量关系曲线

2.9　江河水位与潮水位

2.10　水面蒸发和冰情

2.11　水文自动测报系统

2.12　图表及附件

3　工程地质

3.1　勘察概况

3.2　区域构造稳定性与地震动参数

3.3　水库区工程地质

3.4　坝(闸)址工程地质

3.5　泄水建筑物工程地质

3.6　发电引水建筑物工程地质

3.7　厂房与泵站工程地质

3.8　通航与过鱼建筑物工程地质

3.9　施工导截流建筑物工程地质

3.10　输水线路工程地质

# 附录 H  水利水电工程初步设计报告章节目录

按照《水利水电工程初步设计报告编制规程》(SL/T 619—2021),本指南摘录了初步设计报告的章节目录格式,使用过程中,可根据实际情况取舍。

1  综合说明

2  水文

2.1  流域概况

2.2  气象

2.3  水文基本资料

2.4  径流

2.5  洪水

2.6  排水(涝)模数及流量

2.7  泥沙

2.8  水位流量关系曲线

2.9  江河水位与潮水位

2.10  水面蒸发和冰情

2.11  水文自动测报系统

2.12  图表及附件

3  工程地质

3.1  勘察概况

3.2  区域构造稳定性与地震动参数

3.3  水库区工程地质

3.4  大坝工程地质

3.5  泄水建筑物工程地质

3.6  发电引水建筑物工程地质

3.7  厂房及开关站等工程地质

3.8  通航与过鱼建筑物工程地质

3.9  施工导截流建筑物工程地质

3.10  泵站工程地质

3.11  水闸工程地质

# 附录Ⅰ 水利水电工程水土保持方案报告书编写提纲

本指南提供了一项水利水电工程水土保持方案报告书的编写提纲,供参考使用。

## 1 综合说明

简述主体工程建设必要性及背景情况、前期工作进展情况,并按报告书正文顺序逐章进行简要说明。水土保持方案特性表如附表Ⅰ.1所示。

附表Ⅰ.1 水利水电工程水土保持方案特性表

| 项目名称 | | | 流域管理机构 | | |
|---|---|---|---|---|---|
| 涉及省份 | | 涉及地市 | | 涉及县 | |
| 项目规模 | | 总投资/亿元 | | 土建投资/亿元 | |
| 动工时间 | | 完工时间 | | 设计水平年 | |
| 工程占地/hm² | | 永久占地/hm² | | 临时占地/hm² | |
| 土石方量 /10⁴ m³ | 区域 | 挖方 | 填方 | 借方 | 余(弃)方 |
| | | | | | |
| | 合计 | | | | |
| 重点防治区名称 | | | | | |
| 地貌类型 | | | 水土保持区划 | | |
| 土壤侵蚀类型 | | | 土壤侵蚀强度 | | |
| 防治责任范围面积/hm² | | | 容许土壤流失量/[t/(km²·a)] | | |
| 土壤流失预测总量/t | | | 新增土壤流失量/t | | |
| 水土流失防治标准执行等级 | | | | | |
| 防治指标 | 水土流失治理度/% | | 土壤流失控制比 | | |
| | 渣土防护率/% | | 表土保护率/% | | |
| | 林草植被恢复率/% | | 林草覆盖率/% | | |

续表

| 防治措施及工程量 | 防治分区 | 工程措施 | 植物措施 | | 临时措施 | |
|---|---|---|---|---|---|---|
| | | | | | | |
| 投资/万元 | | | | | | |
| 水土保持总投资/万元 | | | | 独立费用/万元 | | |
| 监测费/万元 | | 监理费/万元 | | 补偿费/万元 | | |
| 分省措施费/万元 | | | 分省补偿费/万元 | | | |
| 方案编制单位 | | | 建设单位 | | | |
| 法定代表人及电话 | | | 法定代表人及电话 | | | |
| 地址 | | | 地址 | | | |
| 邮编 | | | 邮编 | | | |
| 联系人及电话 | | | 联系人及电话 | | | |
| 传真 | | | 传真 | | | |
| 电子信箱 | | | 电子信箱 | | | |

2 项目概况及项目区概况

2.1 项目概况

2.2 项目区概况

3 主体工程水土保持评价

简述所依据的法律法规、标准规范及重要的技术资料。

3.1 主体工程制约性因素分析与方案比选评价

3.2 工程占地分析评价

3.3 主体工程施工组织设计分析评价

注意表土平衡应在表土保护与利用设计章节中分析,本章简要说明工程中无用层清理与表土剥离的关系。

3.4 主体工程设计中水土保持功能措施的分析评价

3.5 评价结论、建议和要求

4 水土流失防治责任范围及防治分区

简述水土流失防治责任范围界定所依据的法律法规、标准规范及重要的技术资料。

4.1 防治责任范围界定

4.2 防治责任范围与工程征占地的关系

4.3 水土流失防治分区

5 水土流失分析与预测

简述水土流失分析与预测所依据的法律法规、标准规范及重要的技术资料。

5.1 预测范围和时段

5.2 预测方法

5.3 扰动地表、损毁植被面积和弃土(石、渣)量分析

5.4 土壤流失量预测

5.5 水土流失危害分析与评价

5.6 预测结论及指导性意见

6 防治目标及总体布设

6.1 防治目标及标准

防治目标应将水土保持与工程性质、工程任务、工程所在区域生态建设、生态安全、景观建设、历史文化沿革、社会经济发展需求等结合起来确定。防治标准等级应结合《生产建设项目水土流失防治标准》(GB/T 50434—2018)规定与防治目标综合确定,符合必要的条件时可提高防治标准等级或防治指标值。

6.2 设计依据、理念与原则

依据主要包括技术标准与规范,与工程相关的规划、设计等技术资料。列出设计最主要依据的技术标准与规范,根据标准规范、相关规划、项目性质、所在区域的生态建设需求、社会经济发展需求等方面明确设计理念和原则,为总体布局、工程级别和设计标准的合理确定提供技术依据和支撑。

备注:以下各设计章节具体内容中所依据的必要标准规范和技术资料可根据设计需要在相应章节中说明。

6.3 设计深度及设计水平年

按照《生产建设项目水土流失防治标准》（GB/T 50434—2018）第4.1.3条的规定，确定水土保持方案设计水平年。设计深度一般与主体工程保持设计一致。

6.4 总体布局及分区防治措施体系

7 弃渣场设计

7.1 弃渣来源及流向

列表分析和说明各弃渣场的弃渣来源、流向和弃渣量，线性工程各弃渣场应明确弃渣来源的工程区段和相对应的弃渣量。

7.2 弃渣场选址与类型

弃渣场场址比选的限制性因素分析，根据规范要求进行的测量和地质勘察情况的说明，弃渣场场址与类型的确定。

7.3 弃渣场堆置方案及安全防护距离

弃渣场容量、最大堆渣高度、堆渣坡度、占地面积、安全防护距离的确定。

7.4 弃渣场级别及稳定性分析

列表说明弃渣场名称（编号）、位置、类型、堆渣量、最大堆渣高度、弃渣场失事后对主体工程或环境造成的危害程度、周边环境、后期恢复利用方向等，逐一确定弃渣场级别，并进行稳定计算。

备注：弃渣场的拦挡、排洪、植被恢复与建设等工程设计列入第9章。

8 表土保护与利用设计

8.1 表土分布与可利用量分析

项目区表土分布调查情况，列表说明征占地范围内表土的分布范围、表土厚度、可剥离范围和面积及可剥离量。

8.2 表土需求与用量分析

根据工程总体布置、建筑物及道路、移民等占地情况，分析说明土地后期可能利用方向，明确复耕、植被恢复的范围及面积，根据覆土厚度要求确定表土的需求与用量。

8.3 表土剥离与堆存

根据表土的用量和表土的分布情况，明确剥离的范围和堆存方案。

8.4 表土利用与保护

说明可剥离并确需利用表土的利用去向,明确扰动但不剥离表土的范围及需要保护的面积和措施。

备注:表土回覆利用、表土堆存场临时防护措施和表土保护措施列入第 9 章相应分区设计内容。

9 水土保持工程设计

9.1 工程级别与设计标准

9.2 主体工程区

9.3 工程永久办公生活区

9.4 弃渣场区

9.5 料场区

9.6 交通道路区

9.7 施工生产生活区

9.8 移民安置与专项设施复(改)建区

9.9 其他区域

10 水土保持施工组织设计

10.1 工程量

包括实际工程量和扩大工程量。

10.2 施工条件及布置

10.3 施工工艺和方法

10.4 施工进度安排

11 水土保持监测

11.1 监测范围及单元划分

11.2 监测时段与内容

11.3 监测点布置、方法和频次

11.4 监测设施典型设计

11.5 监测设备

11.6 弃渣场安全监测(部分项目)

12 水土保持工程管理

12.1 建设期管理

12.2 运行期管理

含水土保持工程设施保护范围的确定。

13 投资概（估）算及效益分析

13.1 投资概（估）算

13.2 效益分析

14 结论与建议

附件：弃渣场地质勘察报告及其他必要的附件。

附图：项目区表土分布与剥离范围图。

# 附录 J  建设项目环境影响报告表

## J.1  综合说明

2020 年 12 月 23 日,生态环境部印发《关于印发〈建设项目环境影响报告表〉内容、格式及编制技术指南的通知》(环办环评〔2020〕33 号),《建设项目环境影响报告表》内容、格式及编制技术指南自 2021 年 4 月 1 日起实施。自实施之日起,原国家环境保护总局印发的《关于公布〈建设项目环境影响报告表〉(试行)和〈建设项目环境影响登记表〉(试行)内容及格式的通知》(环发〔1999〕178 号)废止。

新版《建设项目环境影响报告表》与旧版相比,在内容、格式和编制技术要求上进行了较大调整,主要体现在以下三方面。一是分类管理,将报告表分为污染影响类和生态影响类两种格式,根据两类项目不同环境影响特点设置有针对性的编制内容和格式,并配套相应的编制技术指南,突出不同类型评价关注重点。二是优化简化,明确了专项设置原则和数量限制,简化了一般项目环境质量现状监测要求,取消了评价等级判定等程序,聚焦生态环境影响和保护措施。据估测,报告表篇幅将得到较大幅度精简。三是注重衔接,与规划环评联动,充分利用规划环评成果、结论和现状评价数据;污染影响类建设项目内容与排污许可衔接,便于企业后续申请排污许可证;增加"生态环境保护措施监督检查清单",为后续监管提供明晰依据。

根据生态环境部文件规定,生态影响类建设项目环境影响报告表适用于水利工程,故本指南予以摘录,以方便工程技术人员使用。

## J.2　建设项目环境影响报告表编制技术指南（生态影响类）（试行）

### J.2.1　适用范围

本指南适用《建设项目环境影响评价分类管理名录》中以生态影响为主要特征的建设项目环境影响报告表编制，包括农业，林业，渔业，采矿业，电力、热力生产和供应业的水电、风电、光伏发电、地热等其他能源发电，房地产业，专业技术服务业，生态保护和环境治理业的泥石流等地质灾害治理工程，社会事业与服务业（不包括有化学或生物实验室的学校、胶片洗印厂、加油加气站、洗车场、汽车或摩托车维修场所、殡仪馆、动物医院），水利，交通运输业（不包括导航台站、供油工程、维修保障等配套工程）、管道运输业，海洋工程（不包括排海工程），以及其他以生态影响为主要特征的建设项目（不包括已单独制定建设项目环境影响报告表格式的核与辐射类建设项目）。

以生态影响为主要特征的建设项目环境影响报告表依据本指南进行填写，与本指南要求不一致的以本指南为准。

### J.2.2　总体要求

一般情况下，建设单位应按照本指南要求，组织填写建设项目环境影响报告表。建设项目产生的生态环境影响需要深入论证的，应按照环境影响评价相关技术导则开展专项评价工作。根据建设项目特点和涉及的环境敏感区类别，确定专项评价的类别，设置原则参照附表 J.1，确有必要的可根据建设项目环境影响程度等实际情况适当调整。专项评价一般不超过两项，水利水电、交通运输（公路、铁路）、陆地石油和天然气开采类建设项目不超过三项。

附表 J.1　专项评价设置原则表

| 专项评价的类别 | 涉及项目类别 |
| --- | --- |
| 地表水 | 水力发电：引水式发电、涉及调峰发电的项目；<br>人工湖、人工湿地：全部；<br>水库：全部；<br>引水工程：全部（配套的管线工程等除外）；<br>防洪除涝工程：包含水库的项目；<br>河湖整治：涉及清淤且底泥存在重金属污染的项目。 |

| 专项评价的类别 | 涉及项目类别 |
|---|---|
| 地下水 | 陆地石油和天然气开采:全部;<br>地下水(含矿泉水)开采:全部;<br>水利、水电、交通等:含穿越可溶岩地层隧道的项目。 |
| 生态 | 涉及环境敏感区(不包括饮用水水源保护区,以居住、医疗卫生、文化教育、科研、行政办公为主要功能的区域,以及文物保护单位)的项目。 |
| 大气 | 油气、液体化工码头:全部;<br>干散货(含煤炭、矿石)、件杂、多用途、通用码头:涉及粉尘、挥发性有机物排放的项目。 |
| 噪声 | 公路、铁路、机场等交通运输业涉及环境敏感区(以居住、医疗卫生、文化教育、科研、行政办公为主要功能的区域)的项目;<br>城市道路(不含维护,不含支路、人行天桥、人行地道):全部。 |
| 环境风险 | 石油和天然气开采:全部;<br>油气、液体化工码头:全部;<br>原油、成品油、天然气管线(不含城镇天然气管线、企业厂区内管线),危险化学品输送管线(不含企业厂区内管线):全部。 |

注:"涉及环境敏感区"是指建设项目位于、穿(跨)越(无害化通过的除外)环境敏感区,或环境影响范围涵盖环境敏感区。环境敏感区是指《建设项目环境影响评价分类管理名录》中针对该类项目所列的敏感区。

## J.2.3 具体编制要求

### J.2.3.1 建设项目基本情况

建设项目名称:指立项批复时的项目名称。无立项批复则为可行性研究报告或相关设计文件的项目名称。

项目代码:指发展改革部门核发的唯一项目代码。若发展改革部门未核发项目代码,此项填"无"。

建设地点:指项目具体建设地址。线性工程等涉及地点较多的,可根据实际情况填写至区县级或乡镇级行政区,海洋工程建设地点应明确项目所在海域位置。

地理坐标：指建设地点中心坐标，线性工程填写起点、终点及沿线重要节点坐标。坐标经纬度采用度分秒（秒保留 3 位小数）。

建设项目行业类别：指《建设项目环境影响评价分类管理名录》中项目行业具体类别。

用地（用海）面积/长度/（m²/km）：用地面积包括永久用地和临时用地。租用建筑物的建设项目填写实际租用面积。海洋工程填写占用的海域面积。线性工程填写用地面积及线路长度。改建、扩建工程填写新增用地面积。

是否开工建设：填写是否开工建设。存在"未批先建"违法行为的，填写已建设内容、处罚及执行情况。

专项评价设置情况：需要设置专项评价的，填写专项评价名称，并参照 J.3 节中附表 J.2 说明设置理由。未设置专项评价的，填写"无"。

规划情况：填写建设项目所依据的流域、交通等行业或专项规划等相关规划的名称、审批机关、审批文件名称及文号。无相关规划的，填写"无"。

规划环境影响评价情况：填写规划环境影响评价文件的名称、召集审查机关、审查文件名称及文号。未开展规划环境影响评价的，填写"无"。

规划及规划环境影响评价符合性分析：分析建设项目与相关规划、规划环境影响评价结论及审查意见的符合性。

其他符合性分析：分析建设项目与所在地"三线一单"（生态保护红线、环境质量底线、资源利用上线和生态环境准入清单）及相关生态环境保护法律法规政策、生态环境保护规划的符合性。

J.2.3.2　建设内容

地理位置：填写项目所在行政区、流域（海域）位置。线性工程填写线路总体走向（起点、终点及途经的省、地级或县级行政区）。建设内容涉及河流（湖库、海洋）的项目填写所在行政区及所在流域（海域）、河流（湖库）。

项目组成及规模：填写主体工程、辅助工程、环保工程、依托工程、临时工程等工程内容，建设规模及主要工程参数，资源开发类建设项目还应说明开发方式。水利水电项目应明确工程任务及相应的建设内容、工程运行方式。

总平面及现场布置：简述工程布局情况和施工布置情况。

施工方案：填写施工工艺、施工时序、建设周期等内容。

其他：填写比选方案等其他内容。比选方案主要包括建设项目选址选线、工程布局、施工布置和工程运行方案等。无相关内容的，填写"无"。

J.2.3.3  生态环境现状、保护目标及评价标准

生态环境现状：说明主体功能区规划和生态功能区划情况，以及项目用地及周边与项目生态环境影响相关的生态环境现状。其中，陆生生态现状应说明项目影响区域的土地利用类型、植被类型，水利水电等涉及河流的项目应说明所在流域现状及影响区域的水生生物现状，海洋工程项目应说明影响区域的海域开发利用类型、海洋生物现状，明确影响区域内重点保护野生动植物（含陆生和水生）及其生境分布情况，说明与建设项目的具体位置关系；项目涉及的水、大气、声、土壤等其他环境要素，应明确项目所在区域的环境质量现状。

开展专项评价的环境要素，应按照环境影响评价相关技术导则要求进行现状调查和评价，并在表格中填写其现状调查和评价结果概要（不宜直接全文摘抄）。不开展专项评价的环境要素，引用与项目距离近的有效数据和调查资料，包括符合时限要求的规划环境影响评价监测数据和调查资料，国家、地方环境质量监测网数据或生态环境主管部门公开发布的生态环境质量数据等；无相关数据的，大气、固定声源环境质量现状监测参照《建设项目环境影响报告表编制技术指南（污染影响类）》（试行）相关规定开展补充监测，水、生态、土壤等其他环境要素参照环境影响评价相关技术导则开展补充监测和调查。

与项目有关的原有环境污染和生态破坏问题：改建、扩建和技术改造项目，说明现有工程履行环境影响评价、竣工环境保护验收、排污许可手续等情况，阐述与该项目有关的原有环境污染和生态破坏问题，并提出整改措施。

生态环境保护目标：按照环境影响评价相关技术导则要求确定评价范围并识别环境保护目标。填写环境保护目标的名称、与建设项目的位置关系、规模、主要保护对象和涉及的功能分区等。

评价标准：填写建设项目相关的国家和地方环境质量、污染物排放控制等标准。

其他：按照国家及地方相关政策规定，填写总量控制指标等其他相关内容。

J.2.3.4  生态环境影响分析

结合建设项目特点，识别施工期、运营期可能产生生态破坏和环境污染的主要环节、因素，明确影响的对象、途径和性质，分析影响范围和影响程度。开

展专项评价的环境要素,应按照环境影响评价相关技术导则要求进行影响分析,并在表格中填写影响分析结果概要(不宜直接全文摘抄);不开展专项评价的环境要素,环境影响以定性分析为主。涉及环境敏感区的,应单独列出相关影响内容。涉及污染影响的,参照《建设项目环境影响报告表编制技术指南(污染影响类)》(试行)分析。

选址选线环境合理性分析:从环境制约因素、环境影响程度等方面分析选址选线的环境合理性,有不同方案的应进行环境影响对比分析,从环境角度提出推荐方案。

### J.2.3.5　主要生态环境保护措施

应针对建设项目生态环境影响的对象、范围、时段、程度,参照环境影响评价相关技术导则要求,提出避让、减缓、修复、补偿、管理、监测等对策措施,分析措施的技术可行性、经济合理性、运行稳定性、生态保护和修复效果的可达性,选择技术先进、经济合理、便于实施、运行稳定、长期有效的措施,明确措施的内容、设施的规模及工艺、实施部位和时间、责任主体、实施保障、实施效果等,并估算(概算)环境保护投资,环境监测计划应明确监测因子、监测点位、监测频次、监测方法等。各要素应明确影响评价结论。

对重点保护野生植物造成影响的,应提出就地保护、迁地保护等措施,生态修复宜选用本地物种以防外来生物入侵。对重点保护野生动物及其栖息地造成影响的,应提出优化工程施工方案、运行方式,实施物种救护,划定栖息地保护区域,开展栖息地保护与修复,构建活动廊道或建设食源地等措施。项目建设产生阻隔影响的,应提出野生动物通道、过鱼设施等措施。涉及河流、湖泊或海域治理的,应尽量塑造近自然水域形态和亲水岸线,尽量避免采取完全硬化措施。水利水电项目应结合工程实施前后的水文情势变化情况、已批复的所在河流生态流量(水量)管理与调度方案等相关要求,确定合适的生态流量;具备调蓄能力且有生态需求的,应提出生态调度方案。

涉及生态修复的,应充分考虑项目所在地周边资源禀赋、自然生态条件,因地制宜,制定生态修复方案,重建与当地生态系统相协调的植被群落,恢复生物多样性。

涉及噪声影响的,从噪声源、传播途径、声环境保护目标等方面采取噪声防治措施;在技术经济可行条件下,优先考虑对噪声源和传播途径采取工程技术措施,实施噪声主动控制。

涉及其他污染影响的,参照《建设项目环境影响报告表编制技术指南(污染影响类)》(试行)提出污染治理措施。

涉及环境风险的,应根据风险源分布情况及可能影响途径,提出环境风险防范措施。

涉及环境敏感区的,应单独列出相关生态环境保护措施内容。

其他:填写未包含在前述要求的其他内容。

环保投资:填写各项生态环境保护措施的估算(概算)投资,主要包括预防和减缓建设项目不利环境影响采取的各项生态保护、污染治理和环境风险防范等生态环境保护措施和设施的建设费用、运行维护费用,直接为建设项目服务的环境管理与监测费用以及相关科研费用等。

J.2.3.6  生态环境保护措施监督检查清单

按要素填写相关内容。验收要求填写各项措施验收时达到的标准或效果等要求。

J.2.3.7  结论

从环境保护角度,明确建设项目环境影响可行或不可行的结论(无需重复前文所述的建设内容、具体的影响分析及保护措施等内容)。

J.2.3.8  其他要求

(1)涉密建设项目应按照国家有关规定执行,非涉密建设项目不应包含涉密数据及图件。

(2)报告表中含有知识产权、商业秘密等不可公开内容的应注明并说明理由,未注明的视为可公开内容。

(3)附图主要包括建设项目地理位置图、线路走向图(线性工程)、所在流域水系图(涉水工程)、工程总平面布置图、施工总布置图、生态环境保护目标分布及位置关系图、生态环境监测布点图(包括现状监测布点图和监测计划布点图)、主要生态环境保护措施设计图(包括生态环境保护措施平面布置示意图、典型措施设计图)等。附图中应标明指北针、图例及比例尺等相关图件信息。

### J.3 建设项目环境影响报告表格式

建设项目环境影响报告表格式如下：

# 建设项目环境影响报告表
# （生态影响类）

项目名称：＿＿＿＿＿＿＿＿＿＿＿＿

建设单位（盖章）：＿＿＿＿＿＿＿＿

编制日期：＿＿＿＿＿＿＿＿＿＿＿＿

中华人民共和国生态环境部制

## 一、建设项目基本情况

| | | | |
|---|---|---|---|
| 建设项目名称 | | | |
| 项目代码 | | | |
| 建设单位联系人 | | 联系方式 | |
| 建设地点 | ___省(自治区)___市___县(区)_____乡(街道)_____(具体地址) | | |
| 地理坐标 | (____度___分___秒,___度___分___秒) | | |
| 建设项目<br>行业类别 | | 用地(用海)面积<br>(m²)/长度(km) | |
| 建设性质 | □新建(迁建)<br>□改建<br>□扩建<br>□技术改造 | 建设项目<br>申报情形 | □首次申报项目<br>□不予批准后再次申报项目<br>□超五年重新审核项目<br>□重大变动重新报批项目 |
| 项目审批(核准/<br>备案)部门(选填) | | 项目审批(核准/<br>备案)文号(选填) | |
| 总投资/万元 | | 环保投资/万元 | |
| 环保投资占比/% | | 施工工期 | |
| 是否开工建设 | □否<br>□是:_____ | | |
| 专项评价设置情况 | | | |
| 规划情况 | | | |
| 规划环境影响<br>评价情况 | | | |
| 规划及规划<br>环境影响评价<br>符合性分析 | | | |
| 其他符合性分析 | | | |

二、建设内容

| 地理位置 | |
|---|---|
| 项目组成及规模 | |
| 总平面及现场布置 | |
| 施工方案 | |
| 其他 | |

### 三、生态环境现状、保护目标及评价标准

| | |
|---|---|
| 生态环境现状 | |
| 与项目有关的原有环境污染和生态破坏问题 | |
| 生态环境保护目标 | |
| 评价标准 | |
| 其他 | |

<h2 style="text-align:center">四、生态环境影响分析</h2>

| | |
|---|---|
| 施工期生态<br>环境影响分析 | |
| 运营期生态<br>环境影响分析 | |
| 选址选线环境<br>合理性分析 | |

**五、主要生态环境保护措施**

| 施工期生态环境保护措施 | |
|---|---|
| 运营期生态环境保护措施 | |
| 其他 | |
| 环保投资 | |

## 六、生态环境保护措施监督检查清单

| 要素 | 内容 | | | |
|---|---|---|---|---|
| | 施工期 | | 运营期 | |
| | 环境保护措施 | 验收要求 | 环境保护措施 | 验收要求 |
| 陆生生态 | | | | |
| 水生生态 | | | | |
| 地表水环境 | | | | |
| 地下水及土壤环境 | | | | |
| 声环境 | | | | |
| 振动 | | | | |
| 大气环境 | | | | |
| 固体废物 | | | | |
| 电磁环境 | | | | |
| 环境风险 | | | | |
| 环境监测 | | | | |
| 其他 | | | | |

## 七、结论

编制单位和编制人员情况表如附表 J.2 所示。

### 附表 J.2 编制单位和编制人员情况表

| 项目编号 | |
|---|---|
| 建设项目名称 | |
| 建设项目类别 | |
| 环境影响评价文件类型 | |

**一、建设单位情况**

| 单位名称（盖章） | |
|---|---|
| 统一社会信用代码 | |
| 法定代表人（签章） | |
| 主要负责人（签字） | |
| 直接负责的主管人员（签字） | |

**二、编制单位情况**

| 单位名称（盖章） | |
|---|---|
| 统一社会信用代码 | |

**三、编制人员情况**

**1.编制主持人**

| 姓名 | 职业资格证书管理号 | 信用编号 | 签字 |
|---|---|---|---|
| | | | |

**2.主要编制人员**

| 姓名 | 主要编写内容 | 信用编号 | 签字 |
|---|---|---|---|
| | | | |
| | | | |
| | | | |
| | | | |

注：该表由环境影响评价信用平台自动生成。

# 附录 K 设代日志和设代月报主要内容

本指南提供了设代日志和设代月报的内容提要,供参考使用。

## K.1 设代日志主要内容

(1)形象进度

现场巡视和检查、工程验收、施工部位、主要施工形象面貌。

(2)设代管理

①在岗、轮换及交接情况;

②内部会议参加人员及主要内容;

③重大或综合性技术问题与各专业协调情况、质量安全问题内部协商情况。

(3)协调处理

①施工地质编录与预报、设计技术交底、工程验收、事故处理等情况;

②设计图纸、施工技术要求、设计变更文件、事故处理方案等与有关单位往来函件的处理意见;

③重大或综合性技术问题与参建单位协商情况;

④参建单位对工程设计提出的意见及采纳情况;

⑤施工现场有关会议主要内容及要求;

⑥其他重要事项(如重要电话记录等)。

(4)视察检查

各级领导、主管部门或检查组对工程技术、质量、安全等检查意见和决定。

设代日志格式如下:

设 代 日 志

编号：

| 天　气 | 白　天 | | 夜　晚 | |
|---|---|---|---|---|
| 工程名称 | | | | |
| 主要事宜 | | | | |
| 具体工作记录 | | | | |
| 现场设代人员 | | | | |

填写人：　　　　　　　　　　　　　　日期：＿＿＿＿年＿＿月＿＿日

## K.2  设代月报主要内容

（1）工程进展情况

（2）设代管理

①在岗、轮换及交接情况；

②设代制度执行情况。

（3）服务状况

①现场巡视情况；

②施工地质编录与预报情况；

③设计技术交底情况；

④设计图纸、施工技术要求、设计变更情况；

⑤工程验收情况；

⑥重大技术问题处理情况；

⑦各级领导、主管部门或检查组对工程设计检查意见落实情况。

（4）存在问题及建议

（5）下月设代工作安排

（6）附件

①设代大事记；

②设计变更清单；

③工程验收清单；

④设代通知清单；

⑤设代主要照片。

# 附录 L　建设工程合理使用年限

设计文件中应注明建筑工程合理使用年限，标明采用的建筑材料、建筑构配件和设备的规格、性能等技术指标，其质量要求必须符合国家规定的标准及建筑工程的功能需求。

水利水电工程合理使用年限根据工程等别和建筑物类别，按照《水利水电工程合理使用年限及耐久性设计规范》（SL 654—2014）第 3 章的要求综合确定，如附表 L.1、附表 L.2 所示。

附表 L.1　水利水电工程合理使用年限　　　　　　单位：年

| 工程等别 | 工程类别 | | | | | |
| --- | --- | --- | --- | --- | --- | --- |
| | 水库 | 防洪 | 治涝 | 灌溉 | 供水 | 发电 |
| I | 150 | 100 | 50 | 50 | 100 | 100 |
| II | 100 | 50 | 50 | 50 | 100 | 100 |
| III | 50 | 50 | 50 | 50 | 50 | 50 |
| IV | 50 | 30 | 30 | 30 | 30 | 30 |
| V | 50 | 30 | 30 | 30 | — | 30 |
| 注：工程类别中水库、防洪、治涝、灌溉、供水、发电分别表示按水库库容、保护目标重要性和保护农田面积、治涝面积、灌溉面积、供水对象重要性、发电装机容量来确定工程等别。 | | | | | | |

附表 L.2　水利水电工程各类永久性水工建筑物的合理使用年限　　单位：年

| 建筑物类别 | 建筑物级别 | | | | |
| --- | --- | --- | --- | --- | --- |
| | 1 | 2 | 3 | 4 | 5 |
| 水库壅水建筑物 | 150 | 100 | 50 | 50 | 50 |
| 水库泄洪建筑物 | 150 | 100 | 50 | 50 | 50 |
| 调（输）水建筑物 | 100 | 100 | 50 | 30 | 30 |
| 发电建筑物 | 100 | 100 | 50 | 30 | 30 |
| 防洪（潮）、供水水闸 | 100 | 100 | 50 | 30 | 30 |

| 建筑物类别 | 建筑物级别 | | | | |
|:---:|:---:|:---:|:---:|:---:|:---:|
| | 1 | 2 | 3 | 4 | 5 |
| 供水泵站 | 100 | 100 | 50 | 30 | 30 |
| 堤防 | 100 | 50 | 50 | 30 | 20 |
| 灌排建筑物 | 50 | 50 | 50 | 30 | 20 |
| 灌溉渠道 | 50 | 50 | 50 | 30 | 20 |

注:水库壅水建筑物不包括定向爆破坝、橡胶坝。

## 附录 M 勘察设计单位往来文书格式

本指南提供了勘察设计单位成果报送文件、设代机构成立文件以及设代机构答疑文件格式，供参考使用。

# ××××公司(小标宋体)

××函字〔××××〕××号(3号仿宋)

# ××××公司
# 关于报送××××的函(2号小标宋体)

主送单位名称(3号仿宋)：

根据××××，我公司编制完成了××××，现将成果上报贵公司。

附件:《×××××》

××××公司(加盖公章)

××××年××月××日

# ××××公司(小标宋体)

××函字〔××××〕××号(3号仿宋)

## ××××公司
## 关于组建××××工程
## 设代组的函(2号小标宋体)

主送单位名称(3号仿宋)：

　　为更好地服务××××工程建设，全面做好设计服务，我公司成立了工程设代组。设代工作采取现场和后方服务相结合方式，根据工程实施情况及时提供现场服务，设代组成员包括分管总工、项目负责人(设总)及相关专业人员，名单详见附件。

　　附件：××××工程设代组人员名单

　　　　　　　　　　　　　××××公司(加盖公章)
　　　　　　　　　　　　　××××年××月××日

附件：

# ××××工程设代组人员名单

| 岗 位 | 姓 名 | 专 业 | 联系方式 | 备 注 |
|---|---|---|---|---|
| 组 长 | | 分管总工 | | |
| 副组长 | | 项目负责人（设总） | | |
| 成 员 | | 合同 | | |
| | | 工程地质 | | |
| | | 水工建筑物 | | |
| | | 水力机械 | | |
| | | 管道 | | |
| | | 金属结构 | | |
| | | 电气信息化 | | |
| | | 征地移民 | | |
| | | 水保 | | |
| | | 环评 | | |
| | | 建筑 | | |
| | | 结构 | | |
| | | 给排水、消防 | | |
| | | 施工组织 | | |
| | | 概预算 | | |

# ××××公司
# ××工程设计代表组(小标宋体)

××设代〔××××〕××号(3号仿宋)

## 关于××××标段施工图要解决的疑问
## 的回复(2号小标宋体)

主送单位名称(3号仿宋):

  ××××年××月××日,由××××转送的×××
×标段项目经理部《施工图要解决的疑问》(文件编号)收
悉,经设计人员认真研究,答疑如下:

  一、××××工程设计

1.问题:××××。

答复:××××。

2.问题:××××。

答复:××××。

  二、××××工程设计

1.问题:××××。

答复:××××。

2.问题:××××。

答复:××××。

  三、××××工程设计

1.问题:××××。

答复:××××。

2.问题：××××。

答复：××××。


××××公司

××××工程设计代表组（加盖公章）

××××年××月××日

# 参考文献

［1］江苏省质量技术监督局.水利工程施工图设计文件编制规范:DB32/T 3260—2017［S］.2017.

［2］江苏省水利厅.江苏省水利工程建设项目法人工作指南［M］.南京:河海大学出版社,2017.